ANLEITUNG ZUR
ARTGERECHTEN
MENSCHENHALTUNG

Wolfgang Berger:
Anleitung zur Artgerechten
Menschenhaltung
Projektmanagement: Marianne Nentwig
© J. Kamphausen Mediengruppe GmbH,
Bielefeld 2012
info@j-kamphausen.de

Lektorat:
Stephanie Ehrenschwendner
Umschlaggestaltung und Satz:
Wilfried Klei, Bielefeld
Covermotiv: © Frank Fiedler_shutterstock
Druck & Verarbeitung:
CPI – Clausen & Bosse, Leck

www.weltinnenraum.de

Bibliografische Information der Deutschen Nationalbibliothek

Die Deutsche Nationalbibliothek verzeichnet diese
Publikation in der Deutschen Nationalbibliografie;
detaillierte bibliografische Daten sind im Internet
über **http://dnb.d-nb.de** abrufbar.

3. Auflage 2014

ISBN Printausgabe: 978-3-89901-641-3
ISBN E-Book: 978-3-89901-686-4

Mehr Bäume.
Weniger CO_2.
www.cpibooks.de/klimaneutral

Wolfgang Berger

ANLEITUNG ZUR ARTGERECHTEN MENSCHENHALTUNG

Wo Potenziale sich entfalten dürfen, macht Arbeit richtig Spaß

Genialität im Unternehmen Entfesseln

Im Jahre 1870 bildet die Londoner Manege-Schule erstmals Zirkusdirektoren aus. Die Abschlussqualifikation für die erfolgreichen Absolventen ist eine Berufsbezeichnung, die hundert Jahre später auch woanders in Mode kommt: Manager. Der Begriff leitet sich vom lateinischen „manum agere" ab: jemanden an der Hand führen.

Im Zirkus hat es angefangen. Kennen Sie das? Zirkustiere werden an der Leine geführt, mit Tricks und Gewalt dressiert und zu Kunststücken gezwungen, die sie von sich aus nie machten. So wie Zirkustiere gegen ihre Natur auf ein nicht artgerechtes Verhalten gedrillt werden, werden in den Unternehmen viele Menschen gegen ihre Natur auf ein nicht artgerechtes Verhalten gedrillt.

Das aber ist gegen die Gesetze der Schöpfung, des Seins, des Lebens. In letzter Konsequenz führt es zu keinem guten Ende. Ein Manager hat in der Regel Personalverantwortung. Es gibt also Mitarbeiter, die in der Hierarchie unter ihm stehen. Er ist für diese Mitarbeiter oben, kann also „Obrigkeit" spielen.

„Obrigkeit" nannten sich früher die Wächter oben im Turm über der Mauer am Eingang zur Stadt. Seit dem Altertum trieben sie für den Herrscher, die Kirche oder den Grundeigentümer den „Zehnten" ein, eine Steuer in Form von Ernteerträgen, Vieh oder Geld. Daraus leitet sich die Hierarchie ab. „Hierarchia" ist im Altgriechischen die göttliche Ordnung und auch der Herr der Geheimnisse.

Das obrigkeitsstaatliche Erbe reicht bis in die politischen Systeme unserer Demokratien. Dort wird Selbstbestimmung zum Beispiel durch Volksentscheide oft als Störung empfunden. Daraus folgt die große Frustration über Politik. Wenn Sie bei konkreten und spezifischen

Belangen mitentscheiden können, werden Sie sich Ihrer Mitverantwortung überhaupt erst bewusst. Wenn Mitverantwortung in Resignation ertränkt ist, verkommt Demokratie zu einem leeren Ritual.

Reicht das obrigkeitsstaatliche Erbe auch bis in die Strukturen des Unternehmens, in dem Sie arbeiten? Werden Ideen von denen, die in der Hierarchie unten stehen, auch bei Ihnen – so wie in vielen anderen Unternehmen – als Störung empfunden? Daraus folgt die Kälte des Berufslebens. Wenn Sie in den Bereichen, in denen Sie kompetent sind, mitreden und mitentscheiden können, werden Sie wahrscheinlich vor Eigeninitiative, Ideen, Lösungen nur so sprühen. Wenn Mitwirkung aber unter vielen Lagen von Hierarchie begraben liegt, verkommt Führung zum Einpeitschen und Antreiben.

Dieses Buch ist die Sauerstoffmaske für alle Arbeitnehmer und für ihre Chefs. So wichtig artgerechte Tierhaltung ist – artgerechte Menschenhaltung ist wichtiger. Wenn Sie sich für die Tiere einsetzen, aber wegen Burn-out zusammenbrechen bzw. vor Kummer, Stress oder Mobbing einen Herzinfarkt bekommen, können Sie den Tieren nicht mehr helfen. Deshalb sorgen Sie bitte zuerst dafür, dass es Ihnen gut geht. Nur wenn Sie das geschafft haben, können Sie etwas für andere Geschöpfe tun. Dieses Buch steht Ihnen bei diesem wichtigen ersten Schritt zur Seite.

Bei allem, was wichtig ist, gibt es eine richtige Reihenfolge. Wenn Sie im Flugzeug fliegen, zeigt Ihnen die Stewardess, was Sie tun müssen, falls der Luftdruck in der Kabine abnimmt. Sauerstoffmasken, die Sie über Mund und Nase stülpen sollen, fallen dann von der Decke. Danach können Sie normal weiteratmen. Diejenigen, die ein Kind neben sich haben, ermahnt die Stewardess: Ziehen Sie die Maske zuerst sich selbst über den Kopf, damit es Ihnen gut geht, und kümmern Sie sich erst danach um Ihr Kind. Nur wenn Sie noch Sauerstoff haben, können Sie Ihrem Kind helfen.

Unabhängig davon, ob Sie Arbeitnehmer sind oder ob Sie an der Spitze einer Abteilung, eines Bereichs oder einer ganzen Firma,

Behörde oder Organisation stehen: es lohnt sich. Ihr Unternehmen kann Ihnen nur dann einen sicheren und gut bezahlten Arbeitsplatz mit den „artgerechten Zutaten" Freude, Würde und Sinn bieten, wenn seine Existenz gesichert ist und es ihm wirtschaftlich gut geht.

Was ist das überhaupt: artgerecht? Wir können es übersetzen mit „der Natur des betreffenden Lebewesens entsprechend". Die Natur – oder auch die „Schöpfung" – gibt jedem Lebewesen vor, wie es reagiert. Diese Reaktionen sind überall so programmiert, dass sie dem Leben und seiner Fortpflanzung dienen – das Überleben und die damit verbundenen Erfahrungen ermöglichen. Damit erfüllen sie den Sinn der Schöpfung. Die Mechanismen sind oft sehr einfach:

Monty Roberts berichtet in seinem Buch „Der mit den Pferden spricht", wie Pferde auf einfache Gesten reagieren: Er macht sich groß und die Schultern breit, zeigt die offenen Hände und blickt dem Pferd in die Augen. Das sind Raubtiergesten. Das Pferd flüchtet, senkt den Kopf, leckt und kaut, was so viel heißt wie: „Ich bin Pflanzenfresser, ich tu dir nichts, tu du mir auch nichts." Er wendet die Augen ab, zieht die Schultern zusammen und schließt die Hände. Das Pferd nähert sich ihm.

Auch die Fortpflanzung des Lebens funktioniert artspezifisch. Biologen nennen das Paarungsverhalten und haben etwas festgestellt, was kaum verwundert: Das Paarungsverhalten ist artspezifisch verschieden. Bei vielen Tieren besteht es aus drei oder vier präzise definierten Stufen. Wenn die abgehakt sind, klickt es – und der Arterhaltung ist ein Dienst erwiesen. Bei uns Menschen funktioniert das ähnlich. Allerdings geschieht das nicht in drei oder vier Stufen. Die Anthropologin Margaret Mead (1901–1978) fand heraus, dass es bei allen Rassen und Völkern dreißig ebenfalls präzise definierte Stufen bis zum Klick gibt, dessen Folgen bekannt sind.

Die erste dieser dreißig Stufen ist immer und überall ein Lächeln. Die Juristen bezeichnen so etwas als notwendige, nicht aber hinreichende Bedingung: Wer nicht lächelt, kommt nie zur Stufe zwei. Natürlich ist nicht jedes Lächeln die erste Sprosse der 30-stufigen Leiter. Zum Glück gibt es viele andere gute Gründe zu lächeln. Auch die letzte Stufe ist – immer und überall – Klick. Ohne diese biologische Vorgabe wären wir nicht hier.

Die unheilvolle Konfusion entsteht dazwischen: Dreißig Stufen sind für Menschen artspezifisch. Auch die erste und die letzte Stufe sind bei allen Menschen gleich. Die Reihenfolge der Stufen zwischen Anfang und Ende aber ist bei Menschen nicht artspezifisch, sondern kulturspezifisch. Auf beiden Seiten des Atlantiks, auf beiden Seiten des Mittelmeers, des Indischen Ozeans und des Pazifischen Ozeans gelten hierbei andere Regeln. Das macht interkulturelle Flirts kompliziert, aber keineswegs reizlos.

Alle Religionen sehen im Menschen die Krone der Schöpfung. Es liegt nahe, dass es deshalb bei uns nicht so einfach sein kann wie bei den Tieren. Wir reagieren selten mechanisch, sondern folgen unseren eigenen Überzeugungen. Der Philosoph Georg Wilhelm Friedrich Hegel (1770–1831) warnt uns davor, unsere Überzeugungen auf die Autorität anderer zu gründen – etwa wissenschaftlichen Erkenntnissen, die wir nicht selbst geprüft haben. Er ermahnt uns, „nur der eigenen Überzeugung zu folgen, oder besser noch, alles selbst zu produzieren und nur die eigene Tat für das Wahre zu halten."

„Treue ist vor allem Treue zu sich selbst", sagt der Pilot und Schriftsteller Antoine de Saint-Exupéry (1900–1944) dazu. Und der Philosoph Immanuel Kant (1724–1804) nimmt diejenigen in die Pflicht, die sich hinter Sachzwängen verstecken: „Handle so, dass du die Menschheit [...] niemals bloß als Mittel brauchst." (Wir können auch „missbrauchst" sagen.) Von „selbst verschuldeter Unmündigkeit" spricht Kant in Bezug auf Menschen, die nicht die Entschlusskraft und den Mut haben, ihre Vernunft einzusetzen, und stattdessen lieber auf andere hören.

Kant und Hegel schauen mir beim Schreiben wohl manchmal über die Schulter und schmunzeln. Sie konnten sich vor mehr als zweihundert

Jahren nicht vorstellen, mit welch großartigen technischen Möglichkeiten wir heute arbeiten. Trotzdem folgen die meisten Menschen dabei nicht ihren eigenen, sondern fremden Überzeugungen und haben nicht die Kraft, aus ihrem Hamsterrad auszubrechen. Das war früher das Los der Sklaven.

Viele engagierte Leute setzen sich für artgerechte Tierhaltung ein, nicht nur im Zirkus – auch bei Nutztieren, die oft ein grauenvolles Leben führen. Die Qualen, die sie erleiden und die Angst, die ihr Dasein prägt, essen wir mit, wenn wir sie verspeisen. Wir essen Fleisch, das mit Verzweiflung und schrecklichen Schmerzen imprägniert ist. Und dann wundern wir uns, wenn auch wir uns nicht mehr freuen können oder unsere Sorgen uns nicht gut schlafen lassen. Wir haben das schließlich alles in uns hineingefuttert.

Artgerechte Tierhaltung ist ein großes Anliegen. Über artgerechte Menschenhaltung wird wenig nachgedacht. Viele Mitarbeiter leiden darunter, dass sie nicht wirklich wissen, was von ihnen erwartet wird, dass ihre Vorgesetzten sich nicht für sie als Mensch interessieren, dass sie eine Position ausfüllen, die ihnen nicht liegt, und dass ihre Einsichten im Unternehmen kein Gewicht haben.

Wenn Sie Chef sind, leiden Sie vielleicht darunter, dass von außen Erwartungen an sie gestellt werden, die nicht zu erfüllen sind, dass der Druck der Märkte Ihnen keinen Spielraum lässt und dass die Regeln dieses „Spiels" immer brutaler werden. Selbst Minister und Vorstandsmitglieder, Gerichtspräsidenten und Chefredakteure, Generäle und Kirchenfürsten überblicken nur Teilaspekte. Die Zusammenhänge sind so komplex, dass niemand die Folgen seiner Entscheidungen überblicken kann.

Auch die Experten sind überfordert. Philip E. Tetlock zeigt in dem Buch „Expert Political Judgement: How Good Is It?" (dt.: Wie gut ist das Expertenurteil?), dass die Urteilskraft von Fachleuten miserabel ist: Gegenüber Laien, die sich auf ihren gesunden Menschenverstand verlassen, liegen sie dreimal so oft daneben. Experten haben oft einen

Tunnelblick und reduzieren die Welt auf die Teilaspekte, die sie verstehen. Die Wirklichkeit aber ist bunt, vielfältig, unendlich weit.

Wir erleben gerade gewaltige Umwälzungen in vielen Bereichen – in der Wirtschaft, in den Finanzen, in der Politik, in den gesellschaftlichen Strukturen, in der Natur. Wir stehen an der Schwelle zu einer neuen Zeit. Die Entwicklung in diesem 21. Jahrhundert geht schneller als die industrielle Revolution im 19. Jahrhundert mit der Erfindung der Dampfmaschine, des Autos, des Flugzeugs und des Telefons. Sie geht auch schneller als die Revolution der Informationstechnik und der Mikroelektronik im 20. Jahrhundert, mit Fernseh- und Wettersatelliten, mit Computern und Mobiltelefonen, mit elektronischer Steuerung und Satellitennavigation, mit Weltraumfahrt und Nanotechnik, mit jährlich einer halben Million neuer Apps für unsere Smartphones und mit wie von Geisterhand vollautomatisch gesteuerten Fertigungsinseln, wo keine Menschen mehr, sondern nur noch Roboter arbeiten. Die alten Regeln funktionieren nicht mehr, und die neuen Regeln sind uns noch nicht vertraut.

Dieses Buch kann Ihnen als Kompass für den Übergang in eine Zeit dienen, in der andere Regeln gelten. Wir stecken mittendrin und stellen erschrocken fest, dass irgendetwas nicht mehr stimmt. Wer hilft uns in unsicheren und unübersichtlichen Situationen? Die meisten Menschen suchen Orientierung nicht mehr in der Religion oder in ihren lokalen Traditionen. Sollen wir uns auf die Wissenschaft verlassen, die uns sagt, was wahr ist und was falsch ist?

Der Physiker Arthur S. Eddington (1882–1944) berichtet von einem interessanten Forschungsergebnis: „Alle Fische sind größer als fünf Zentimeter", fand einer seiner Kollegen heraus, der seit Jahren mit einem Netz Fische fing. Keiner der gefangenen Fische war kleiner als fünf Zentimeter. Eddington schaute sich das Netz an: Es hatte eine Maschenweite von fünf Zentimetern. Kleinere Fische rutschten durch die Maschen. Natürlich konnte sein Kollege mit diesem Netz keine kleineren Fische fangen. Sein Forschungsergebnis hatte nichts mit der Wahrheit zu tun, sondern mit der Beschaffenheit des Netzes.

Der Lyriker Matthias Claudius drückt diese Erkenntnis im Jahre 1778 so aus:

„Seht ihr den Mond dort stehen?

Er ist nur halb zu sehen

Und ist doch rund und schön!

So sind wohl manche Sachen,

Die wir getrost belachen,

weil unsre Augen sie nicht sehn."

Die neue Zeit, an deren Schwelle wir stehen, ist eine Zeit, in der die Maschenweite radikal verkleinert wird, in der wir Dinge entdecken, die für uns bis dahin nicht sichtbar waren.

Wir erfahren gerade etwas, was uns verunsichert: Die Wissenschaft kann uns nicht sagen, was wahr und wirklich ist. Sie kann uns nur eine Auskunft über die Maschenweite gegeben, mit der sie bisher in den Ozeanen der Erkenntnis fischte. Und vielleicht auch über die Tiefe, bis zu der die Netze ausgeworfen wurden. Vieles spricht dafür, dass wir jetzt etwas tiefer kommen als vor hundert oder zweihundert Jahren. Aber noch immer fischen wir nur kurz unter der Oberfläche.

Von Kant und Hegel haben wir gelernt, dass die Verarbeitung von Daten und Informationen kein Wissen produziert. Wissen entsteht erst, nachdem das menschliche Gehirn Informationen verarbeitet, eingeordnet und bewertet hat. „Überall geht frühes Ahnen dem späteren Wissen voraus", beschreibt der Naturforscher Alexander von Humboldt (1769–1859) diesen Prozess.

Weisheit kommt nach dem Wissen. Sie entwickelt sich, nachdem das Wissen des Gehirns auch vom Herzen eines reifen Menschen verarbeitet, eingeordnet und bewertet worden ist. Intuition spielt dabei eine große Rolle. Sie ist meist unbewusst. Intuition vermittelt zwischen unserer Einzigartigkeit und der komplizierten Welt da draußen. Intuition ist der unbewusste Berater des Verstandes. Intuition sieht nicht die Einzelheiten, sondern die Zusammenhänge, das große Ganze.

Dieser Überblick soll Wellen der Erleichterung verbreiten, die die Arbeitswelt in allen Bereichen überrollen. Wenn das gelingt, hat es großartige Konsequenzen:

■ Den meisten Menschen bereitet ihre Arbeit große **Freude**, sie vertiefen sich in ihre Aufgabe und blühen dabei auf.

■ Die Umgangsformen im Beruf sind respektvoll. Die **Würde** jedes Einzelnen wird geachtet – ohne irgendeine Ausnahme.

■ Jeder identifiziert sich mit seiner Aufgabe und erkennt den **Sinn** hinter dem, was er tut.

Den Begriff „Unternehmen" fasse ich weit und zähle dazu auch Behörden, Schulen, Krankenhäuser, Fußballclubs oder andere Gruppen von Menschen, die auf ein gemeinsames Ziel hin arbeiten.

Der Druck, den Kapitalmärkte auf die Belegschaften und auf ihre Chefs ausüben, erdrückt viele und vieles. „Die Märkte" führen einen regelrechten Krieg gegen die arbeitende Bevölkerung – gegen Unternehmensleitungen und ihre Belegschaften. Diejenigen, die die Produkte herstellen und die Dienstleistungen erbringen, die unser Leben angenehm machen, führen ein Leben im Hamsterrad. Das System, das so etwas zulässt, ist ein Auslaufmodell der Evolution.

Mit diesem Buch halten Sie die Anleitung zu einem Evolutionssprung in der Hand. Ob Sie Vorgesetzter oder Mitarbeiter sind: Sie können jetzt die Regeln des Spiels ändern und das Feuer der Erneuerung weitergeben.

Die meisten Menschen müssen in immer kürzerer Zeit unter immer größerem Druck einen ständig wachsenden Beitrag zum Betriebsergebnis liefern. Im Grund unseres Herzens wünschen wir uns aber etwas ganz anderes: Wir wollen geliebt und anerkannt werden, wir wollen über uns selbst bestimmen, und wir suchen einen Sinn hinter dem, was wir tun.

Die Schöpfung ist weiser ist als wir alle. Ihr Geheimnis ist ganz einfach: In jedem Atom spiegelt sich das ganze Universum. Und in jedem Mitarbeiter spiegelt sich das ganze Unternehmen.

Diese Anleitung zur artgerechten Menschenhaltung im Unternehmen führt Sie über die Schwelle in eine neue Zeit, deren Regeln uns noch nicht vertraut sind. Aber Sie können vor Ihrem Unternehmen einen roten Teppich ausrollen, der zu einem erstrebenswerten Ziel führt.

Dort angekommen finden Unternehmer, ihre Mitarbeiter und ihre Kunden das, was alle Menschen suchen: das gute Leben.

Wolfgang Berger
BUSINESS REFRAMING Institut für Organisation und
Humanes Management, Karlsruhe
www.business-reframing.de

1.

DAS LEBEN IM HAMSTERRAD
ÜBERWINDEN

In einer kleinen Stadt am Rhein dinieren ihre prominenten Bürger gemeinsam – die Geschäftsleute, der Bürgermeister, der Richter, der Arzt und andere. Sie trinken viel Wein und erlesene Schnäpse. Nach Mitternacht verlassen sie fröhlich und beschwipst das Lokal.

Auf dem Marktplatz wurde tagsüber Karneval gefeiert, ein Kettenkarussell steht noch da, aber keine Menschenseele ist zu sehen. Einer der Zechbrüder meint, es wäre doch lustig, jetzt Karussell zu fahren. Jeder findet einen Sitz, der letzte stellt den Motor an und springt dann auch noch auf.

Das Karussell kommt in Fahrt, die Sitze kreisen in der Höhe. Da bemerken die Herren, dass keiner mehr abspringen kann, um den Motor abzustellen. Sie schreien nach Hilfe, aber niemand hört sie. Die Karussellfahrt, die so beschwingt begann, dauert die ganze Nacht und wird zum Alptraum.

Um sechs Uhr morgens werden sie von einem Zeitungsboten entdeckt, der die Feuerwehr alarmiert. Die Bilanz ist schrecklich: Die meisten haben einen Schock erlitten und müssen psychologisch behandelt werden. Drei sind bewusstlos und müssen ins Krankenhaus gebracht werden. Einer aus der fröhlichen Gesellschaft hat einen Herzinfarkt erlitten. Er ist tot.

Das ist eine wahre Begebenheit. Sie zeigt, wie es gegenwärtig Unternehmen ergeht, deren Mitarbeiter ein Karussell in Gang gesetzt haben, das sie nicht mehr stoppen können. Und sie veranschaulicht, wie es Führungskräften ergeht, die hoch in der Luft fliegen und die Bodenhaftung verloren haben.

Die Regeln des 20. Jahrhunderts verändern viel

Im 19. Jahrhundert mussten die Menschen hart arbeiten. Die Maschinen, die in der industriellen Revolution erfunden wurden, übernehmen seitdem die härteste Arbeit. Im 20. Jahrhundert mussten die Menschen intelligent arbeiten. Die Systeme, die in der informationstechnischen Revolution entwickelt wurden, übernehmen seitdem die anspruchsvollsten Aufgaben. Und jetzt – im 21. Jahrhundert – gelten wieder neue Regeln. Die wichtigste neue Regel lautet: Wir müssen die Natur des Menschen achten.

Im 19. Jahrhundert ist die Produktion handwerkliche Einzelfertigung. Der Schneider oder Schuhmacher nimmt Maß und stellt den Anzug oder das Paar Schuhe komplett passend für die Körpermaße seines Kunden her. Der Wagenbauer baut die Kutschen und Fuhrwerke nach den Wünschen seines Auftraggebers. Der Schmied beschlägt jedes Pferd einzeln mit eisernen Hufen. Er allein ist für die Qualität verantwortlich.

Ich fuhr einmal mit einem französischen Postschiff an der afrikanischen Westküste entlang in Richtung Kongo und besichtigte den Maschinenraum. An der gewaltigen Maschine des in England produzierten Dampfers prangte ein Kupferschild, auf dem stand: „Crafted with pride and care by …" (dt.: Hergestellt mit Stolz und Sorgfalt von …), und dann folgten die Unterschriften von allen, die das technische Wunderwerk gebaut hatten. Ich konnte spüren, wie diese Männer ihre Familien zur Einweihung eingeladen und ihnen stolz die Kupferplatte gezeigt hatten: Es war ihr Schiff.

Für Gottlieb Daimler (1834 –1900) und Carl Benz (1844 –1929) ist ein Auto eine Kutsche mit Motor, nach den Wünschen des Käufers geplant und anschließend in einem Handwerksbetrieb gebaut. Die von einem Konstrukteur entworfenen Pläne hängen an einem Zeichenbrett neben der Montageplattform. Auch wenn keine Kupferplatte unter der Kühlerhaube es anzeigt – es ist das Auto der Schlosser und Mechaniker, die es von Anfang bis Ende gebaut haben. Zahlreiche Teams arbeiten parallel. Im Jahre 1900 bauen in Deutschland 31 solcher Betriebe 800 Autos.

Haben Sie schon einmal nach einer Arbeit im Haus, im Garten, an einem Gerät oder an Ihrem Auto innegehalten und Ihr Werk stolz und zufrieden betrachtet? Was Sie vollbracht haben, gibt doch ein gutes Gefühl – oder? Diese Identifikation mit den gefertigten Produkten wurde vor hundert Jahren durch eine folgenreiche Umstellung zerstört, die schlussendlich von den Metzgern ausgelöst worden ist: die industrielle Revolution.

In Chicago sieht der Werkstattinhaber Henry Ford (1863 – 1947), wie geschlachtete, ausblutende Rinder an großen Haken baumeln. Die Haken hängen an einer Kette. Die Kette bewegt sich langsam an einer Bühne vorbei. Jeder Metzger hat einen festen Standplatz auf der Bühne. Die geschlachteten Tiere werden zu den Männern gebracht. Jeder von ihnen hat jetzt nur noch einen einzigen, immer wiederkehrenden Arbeitsgang zu tun. Es ist das erste Fließband der Geschichte.

Der Schlachthof in Chicago ist die Wiege der Arbeitsteilung in der Produktion. Nachdem Ford den Schlachthof besichtigt hat, ordnet er die Montageplattformen in seiner Werkstatt in einer Reihe an und montiert sich drehende Walzen darunter. Über die Walzen lässt er ein Förderband laufen, das am Ende umgelenkt und unter dem Boden wieder zurückgeführt wird. Elektromotoren treiben die Anfangs- und die Endwalzen an.

Die Arbeiter laufen jetzt nicht mehr zu den Karosserien, die Karosserien kommen zu ihnen. Die Montageteams bauen ein Auto nicht mehr komplett zusammen. Jeder Arbeiter übernimmt nur noch einen Bruchteil des Montageablaufs. An jedem einzelnen Arbeitsplatz ist jetzt die gleiche, immer wiederkehrende Arbeit zu tun. Arbeitsteilung und Fließfertigung gelangten vom Schlachthof in die Industrie.

1903 wird aus Fords Werkstatt die Ford Motor Company. Bis zum VW Käfer ist das zwanzigste Modell dieser Fabrik – das Modell „T", die legendäre Tin Lizzy – das meistproduzierte Auto der Welt. Alfred P. Sloan (1875–1966) folgte dem Beispiel Fords. 1923 wird aus seinen Werkstätten General Motors. Die Fließfertigung beendet den Stolz der Handwerker auf ihr Produkt und bereitet der Massenproduktion den Weg.

Wir alle können uns jetzt Produkte kaufen, die sich bis dahin nur eine kleine, reiche Minderheit leisten konnte. Für einen Massenmarkt werden Massenprodukte hergestellt. Wenn Sie einer von denen sind, die diese Produkte fertigen, können Sie jetzt mehr kaufen als je zuvor, aber Sie zahlen einen hohen Preis in einer anderen Münze: Die Arbeitsbedingungen haben sich grundlegend geändert. Die Folgen der neuen Technik haben Umwälzungen ausgelöst, die sich am Anfang niemand vorstellen konnte – Umwälzungen in der Berufswelt und in der Gesellschaft.

Vor hundert Jahren steht die Landbevölkerung den Motorfahrzeugen feindlich gegenüber. Die neuen Gefährte verwandeln die Straßen von einem Ort der Begegnung in einen Verkehrsweg und wirbeln viel Staub auf. Dorfbewohner spannen aus Protest Drahtseile in Kopfhöhe quer über die Straße. Im Jahre 1913 köpft ein solches Seil eine Berliner Juweliersfamilie. Uwe Fraunholz berichtet in seinem Buch „Motorphobia" von mehr als zwanzig ähnlichen Fällen.

Am 17. August 1896 wird Bridget Driscoll aus London das erste Todesopfer des neuen Verkehrs. Markus Schmidt berichtet in dem Buch „Eingebaute Vorfahrt", warum der erste Unfallfahrer Arthur Edsall freigesprochen wurde. „Ich habe doch mit der Glocke gebimmelt", entschuldigte er sich, wohl weil er vergessen hatte, wo das Bremspedal war. „Möge so etwas nie wieder passieren", resümierte Richter Percy Morrison. Inzwischen ist es vierzig Millionen Mal wieder passiert.

So kommen die Frauen ins Büro

Bei der Werkstattfertigung plant und verwirklicht der Handwerker alles selbst – so wie Sie es beim Kochen oder beim Heimwerken auch tun. Die Massenfertigung in Fabriken mit tausenden von Arbeitern erfordert jedoch eine hierarchische Organisation, bei der die Vorgesetzten die Entscheidungen treffen und die Untergebenen diese Entscheidungen ausführen. Sind Sie auch einer dieser „Untergebenen", die die Entscheidungen anderer auszuführen haben? Oder gehören Sie zu den Entscheidern, von denen erwartet wird, dass sie alles wissen und deshalb die richtigen Maßnahmen ergreifen?

Um die komplizierten Abläufe zu beherrschen, bedarf es einer detaillierten Planung und komplizierter Regelungen, die schriftlich fixiert werden müssen. Vor mehr als 5000 Jahren wird für solche Zwecke der Papyrus als Informationsträger eingeführt. Graveure und Steinmetze verlieren damals einen Teil ihrer Arbeit. Vor 500 Jahren wird der Buchdruck erfunden. Die Schreiber in den Klöstern müssen sich nach anderen Aufgaben umsehen. Dann wird die Schreibmaschine erfunden. Die Männer, die diese schwergängigen Maschinen bedienen, sind diejenigen Maschinenschlosser, die lesen, schreiben und rechnen können. Sie nennen sich „Kopisten". Mit ihren Stehkragen stehen sie im staubigen Betrieb an Stehpulten. Weil die Pulte dreckig sind, tragen sie Ärmelschoner.

Der Dreck frisst sich so tief in das rohe Holz der Stehpulte hinein, dass die Pulte nicht mehr sauber zu bekommen sind. Da wird ein grober Wollstoff über die Pultplatten gespannt, der sich waschen lässt. Dieser Stoff kommt aus Frankreich und heißt „bureau". Wegen des Lärms in den Werkstätten versammelt man die Stehpulte später in abgetrennten Schreibräumen. Der graue Stoff, der die Pulte bedeckt, bestimmt das Bild der Räume. Deshalb nennt man sie „Bureau" (dt.: Büro).

Die Arbeit dort ist Männersache. Die Hände der Kopisten sind durch Schmiede- und Schlosserarbeiten grob geworden. Und auf einmal müssen sie kleine runde Hebel drücken, auf denen Buchstaben oder

Zahlen stehen. Damit sie im Betrieb wieder an richtigen Maschinen eingesetzt werden, erklären die Männer die Kopistenarbeit für untergeordnet – für unter ihrer Würde.

Da erinnern sich die Betriebsleiter an die Hälfte der Bevölkerung, die es gewohnt ist, sich unterzuordnen. Sie holen die Frauen in die Büros, die bis dahin für die KKK-Bereiche zuständig waren: Küche, Kinder, Kirche. Sie sind fingerfertiger als die Maschinenschlosser, und manche von ihnen können wohl auch besser lesen, schreiben und rechnen. So beginnt die Professionalisierung der Büroarbeit.

„Les bureaux" sind wie gesagt die Stoffbahnen, und das altgriechische „kratein" bedeutet „herrschen". In einer Bürokratie stecken also anscheinend alle unter einer Decke. Haben Sie auch schon einmal verzweifelt versucht, gegen bürokratische Mühlen anzukämpfen, und schließlich resigniert? Solche Erfahrungen gab es damals noch nicht. Jahrhunderte lang mussten sich die Menschen der Willkür der Feudalherrscher unterwerfen. Diese Erfahrung prägte ihr Verhältnis zur Obrigkeit.

Vor dieser Zeit aber hatte das Römische Reich sich mit einer professionellen Verwaltung von einigen hundert Spitzenbeamten zum Weltreich entwickelt. 300 Jahre lang gilt in dem einheitlichen europäischen Wirtschaftsraum eine einzige Währung: der Aureus.

Der Kultur- und Sozialwissenschaftler Max Weber (1864–1920) knüpft an diese Tradition an und entwickelt die Büroarbeit zum Modell einer effizienten Bürokratie. Weber fixiert ordentliche Abläufe und führt nachvollziehbare Regeln ein. Damit beendet er die Feudalherrschaft und schützt die Menschen vor ihrer Willkür. Der preußische Staat wird nach seinen Prinzipien organisiert. Um 1900 hat das preußische Finanzministerium 25 Beschäftigte, einschließlich Minister, Pförtner und Kopisten. Wie niedrig könnten unsere Steuern sein, wenn die Bürokratien noch heute so effizient wären?

Aber die Entwicklung verläuft anders. Der Historiker Publius Cornelius Tacitus (ca. 58–120) nimmt das Ergebnis vor 2000 Jahren vorweg:

„Je verderbter ein Gemeinwesen, desto mehr Gesetze gibt es." Und der Historiker C. Northcote Parkinson (1909–1993) formuliert es in seinem berühmten „Parkinsonschen Gesetz" so: „In einer Bürokratie wird die Arbeit so weit ausgedehnt, bis sie die verfügbare Zeit ausfüllt." Erst diese Auswüchse lassen uns manchmal zornig werden.

Das 21. Jahrhundert verändert wieder alles

Das hervorstechende Merkmal bürokratischer Organisation ist die Hierarchie. Hierarchie ist eine Machtstruktur: die Unteren hängen von den Oberen ab. Die Vorgesetzten haben drei Dinge zu tun: Erstens lassen sie sich von ihren Untergebenen informieren. Zweitens leiten sie aus diesen Informationen Entscheidungen ab. Und drittens formulieren sie ihre Entscheidungen als Vorschriften und geben sie als Anweisungen oder Befehle nach „unten".

Damit vergraulen sie Leute, die mitdenken und deshalb gefragt werden wollen. Übrig bleiben willige Befehlsempfänger. Das sind aber in unsicheren Zeiten die falschen Leute. Bei dem Bestreben, die falschen Untergebenen zu managen, scheitert jede Bürokratie und jedes Unternehmen.

Die Informationstechnik hebelt die drei Funktionen der Hierarchie aus. „Untergebene" werden zu Mitarbeitern, die von ihrem Arbeitsplatz aus Zugang zu allen für ihre Aufgabe wichtigen Informationen haben. Ihre Vorgesetzten können ihnen nichts Neues mehr erzählen. Im Gegenteil: Sind die Geführten kompetent, wissen sie auf ihrem eigenen Arbeitsgebiet besser Bescheid als ihre Vorgesetzten.

Jetzt hängen die Unteren nicht mehr von den Oberen ab – es ist umgekehrt: Die Chefs sind auf ihre Mitarbeiter angewiesen. Vorgesetzte, die gute Entscheidungen treffen wollen, lassen sich von ihren Mitarbeitern beraten. Tun Sie das als Vorgesetzter? Wenn die Mitarbeiter Ihnen nicht den Rücken stärken, geht die Sache schief. Stärken Sie als Mitarbeiter Ihrem Chef tatsächlich den Rücken? Wenn Sie das nicht tun, geht die Sache ebenfalls schief.

Viele unternehmerische Misserfolge liegen darin begründet, dass das Verhältnis zwischen „oben" und „unten" nicht von Vertrauen geprägt ist. Zahlreiche Projekte scheitern, weil Mitarbeiter und Vorgesetzte sich nicht gegenseitig unterstützen. Kommt Ihnen das bekannt vor? Kaum jemand will heute noch immerzu rennen und damit ein Hamsterrad drehen. Kaum jemand will heute noch so seinen Lebensunterhalt verdienen. Sie doch auch nicht – oder?

Das hierarchische Modell ist in einer Krise, weil das Denkmuster, mit dem es entwickelt wurde, nicht mehr funktioniert. Der Hang zu Personalisierung schreibt Ereignisse und Ergebnisse immer noch gern Einzelnen zu. Kennen Sie das? „Vorstandsvorsitzender verdoppelt Konzerngewinn", lautet die Schlagzeile. Die Spitzenmanager großer Konzerne rechtfertigen damit ihre Spitzengagen. Aber die Wirklichkeit läuft uns im Management davon. Herrschaft zerbricht, Kontrolle entgleitet, Führung zerrinnt. Wir erleben eine Herrschaftskrise, eine Kontrollkrise, eine Führungskrise.

Die wirtschaftliche und gesellschaftliche Entwicklung bereitet einen neuen Evolutionssprung vor. Unternehmen, Staaten, Körperschaften, Gemeinden, Behörden, Institutionen und Verbände lassen sich nicht mehr beherrschen, nicht mehr kontrollieren, nicht mehr führen – sie lassen sich nicht mehr managen.

Ein Evolutionssprung hat seinen Preis. Er verändert die Gesetze, nach denen die Dinge funktionieren. Deshalb ist er mit einer Krise verbunden. Unser gesichertes Wissen veraltet, frühere Erfahrungen werden wertlos, die Kausalketten zur Vergangenheit sind unterbrochen: Ursachen produzieren nicht mehr die gleichen Wirkungen wie zuvor. Alles hängt plötzlich ganz anders zusammen.

Der Aufstieg auf eine neue Evolutionsstufe ist wie eine Bergbesteigung: Wenn Sie aufsteigen, verschwindet das Tal, das Sie hinter sich gelassen haben. Sie sehen es von oben, haben Ihren Horizont erweitert und erkennen, dass manche, die noch unten klettern, einen Weg nehmen, der nicht weiterführt. Sie sehen Zusammenhänge, die Ihnen weiter unten verborgen waren. Was unten als ein Labyrinth ohne Ausweg erschien und Sie zur Verzweiflung brachte, sieht von oben wie ein netter Spaziergang aus. Die höhere Perspektive reduziert Komplexität.

Die neue Einfachheit verbannt Managementmethoden in das Antiquariat modischer Trends und lässt sie so erscheinen, wie König Salomo einst von der Welt sprach: „Ich habe alles unter der Sonne gesehen, und siehe, es war nur ein Haschen nach Wind." Die Umgestaltung der Funktionsweisen unserer Systeme, die Änderung des inneren Schaltplans unserer Unternehmen und die Anpassung an Regeln und Gesetze einer neuen Zeit bereiten uns auf eine höhere Evolutionsstufe vor. Und sie lassen uns wiederfinden, was uns die Weisen aller Zeiten und Kulturen schon immer vermittelt haben: Weisheit.

Der Befreiungssprung aus dem Hamsterrad

Es ist lange her. Ich bin noch keine 30 Jahre alt und stehe vor meinem ersten Karrieresprung in einem Chemiekonzern, dessen Namen viele Menschen kennen. Abteilungsleiter soll ich werden. Mein Vorgänger, ein Diplom-Ingenieur, steht vor dem Ruhestand. Nach dem Studium ist er im Alter von 25 Jahren in das Unternehmen eingetreten und hat dort 40 Jahre lang an verschiedenen Standorten gearbeitet. Jetzt, kurz nach seinem 65. Geburtstag, ist ein Abschiedsempfang für ihn geplant. Der Personalchef informiert mich, dass der zuständige Ressortvorstand meinen Vorgänger verabschieden wird und ich als sein Nachfolger auch ein paar Worte sagen soll.

Ich habe eine solche Situation noch nie erlebt und bin aufgeregt. Wer einmal in einem großen Konzern gearbeitet hat weiß, dass Vorstände so etwas wie Halbgötter sind. Ich denke lange nach, was ich sagen kann, und komme zu dem Schluss, dass es kurz sein muss und dass die Leute etwas zu lachen haben sollen. Wenn mir das gelingt, ist die Situation für mich gerettet.

Der leer geräumte Saal der Kantine ist für die Abschiedsfeier schön hergerichtet. Ich bin einer der Ersten, und in kurzer Zeit füllt sich der Raum mit vielleicht zweihundert Menschen. Die meisten von ihnen kenne ich. Alle plaudern locker und gut gelaunt miteinander, nur ich bin verkrampft. In Gedanken bin ich bei meiner kurzen Ansprache und kann mit niemandem reden.

Die entspannte Atmosphäre ändert sich schlagartig, als die Tür aufgeht, der Herr vom Vorstand hereinkommt und alle Blicke auf sich zieht. Er geht auf den Jubilar zu, ergreift dessen Hand und hält sie lange, so dass der Fotograf der Werkzeitschrift genug Zeit hat, das Bild festzuhalten. Anschließend beginnt er mit seiner Lobrede:

„Selten ist es mir vergönnt, einen so außergewöhnlichen Menschen und Mitarbeiter in den Ruhestand zu verabschieden. Es ist auch eine seltene Ehre für unser Unternehmen, dass jemand sein gesamtes Arbeitsleben – bei Ihnen ganze vier Jahrzehnte – nicht der Versuchung erliegt, es einmal woanders zu probieren. Wir kennen uns schon seit mehr als dreißig Jahren – Zeit genug, damit Vertrauen wachsen kann und Sie sich bei immer wieder neuen Herausforderungen haben bewähren können. Immer sind Sie mit totalem Engagement Ihren wechselnden Aufgaben verpflichtet gewesen. Immer ist auf Sie Verlass gewesen. Immer haben Sie persönliche Interessen zurückgestellt. Immer sind Sie verfügbar gewesen, wenn wir Sie gebraucht haben.

Nur zwei Mal in vier Jahrzehnten sind Sie krank geworden. In dem Zweigwerk, in dem Sie vor vierzig Jahren begonnen haben, haben Sie Aufbauarbeit geleistet. Seit Sie Vorgesetzter sind, sind Sie für Ihre Mitarbeiter ein Vorbild, dem diese nacheifern. Ich wünsche mir, dass viele unserer jungen Mitarbeiter Ihnen an Pflichterfüllung, an Disziplin und an Einsatz nacheifern. Sie sind ein außergewöhnlicher Mitarbeiter gewesen, ein außergewöhnlicher Vorgesetzter, und wir alle wissen: Sie werden eine große Lücke hinterlassen, die schwer zu schließen ist. Sie werden uns allen sehr fehlen. Vielen, vielen Dank für alles und alle guten Wünsche für Ihre Zukunft in der Lebensphase, die Sie jetzt vor sich haben."

Dann spricht der Personalchef kurz, und schon bin ich an der Reihe. Ich kann mir nicht vorstellen, vierzig Jahre bei derselben Firma zu bleiben. Ich bin noch nicht verheiratet und frage den Jubilar: „Haben Sie in diesen vierzig Jahren eigentlich nie an Scheidung (von der Firma) gedacht?" Die Frage soll eine launische Bemerkung sein, und ich erwarte, dass darüber herzlich gelacht wird. Aber die Reaktion ist betreten. Einige schmunzeln verlegen, viele richten ihren Blick auf den Fußboden. Die Sache ist für mich danebengegangen. Ich trete verunsichert zur Seite und gebe das Wort weiter an meinen Vorgänger.

„Mein lieber junger Kollege Doktor Berger", sagt er, „das ist eine interessante Frage." Und während sein Blick aus dem Fenster schweift, fährt er fort: „Wenn Sie mir diese Frage vor einigen Jahren – vielleicht auch noch vor einigen Monaten – gestellt hätten, hätte ich Ihnen wohl kaum ehrlich geantwortet. Heute ist mein letzter Arbeitstag, und wenn ich nachher hier herausgehe, bin ich ein freier Mann. Zum ersten Mal seit vierzig Jahren kann ich Ihnen also jetzt das sagen, was ich denke. Zum ersten Mal seit vierzig Jahren brauche ich keine Rücksicht mehr zu nehmen. Ich kann Ihnen deshalb Ihre Frage offen und ehrlich beantworten – und das ist für mich eine wunderschöne, neue Erfahrung: Wissen Sie, an Scheidung habe ich in diesen vierzig Jahren nie gedacht, aber an Mord."

Der Jubilar entzieht sich den weiteren Gesprächen und verlässt die Feier mit einem stolzen Siegerlächeln. Die Wahrheit zu sagen befreit. Diese Befreiung ist ihm in diesem Augenblick ins Gesicht geschrieben. Ich habe ihn seitdem noch zwei Mal in seinem Ferienhaus besucht. Dies war wohl der größte Augenblick in seinem Leben. Es scheint mir fast so, als habe er vier Jahrzehnte nur für diesen Augenblick gearbeitet und gelebt. Es war sein Befreiungsschlag, den ich ihm mit meiner im Grunde nicht ernst gemeinten Bemerkung ermöglichte.

Mordgelüste am Arbeitsplatz?

Hand aufs Herz: Erging es Ihnen irgendwann schon einmal ähnlich? Vielleicht nicht Ihnen, aber doch einem Ihrer Kollegen, Mitarbeiter oder Vorgesetzten? Wenn Sie sich das nicht vorstellen können: Mein Vorgänger hat es erst nach vierzig Jahren in seiner letzten Arbeitsstunde offenbart.

Darf ich Sie zu einem kleinen Test einladen? Welche der folgenden zehn Fragen können Sie aus voller Überzeugung mit einem klaren und eindeutigen JA beantworten?

1. Identifizieren sich die Mitarbeiter in dem Unternehmen, in dem Sie arbeiten, mit den Unternehmenszielen?

2. Klappt die Koordination meistens reibungslos?

3. Weiß jeder, was von ihm erwartet wird?

4. Fühlt sich jeder für das ganze Unternehmen verantwortlich?

5. Tun die meisten das, wofür sie am besten qualifiziert sind und was sie am besten können?

6. Sind die Vorgesetzten Vorbild?

7. Freuen sich in der Regel alle auf die Arbeit?

8. Werden die Betroffenen einbezogen, bevor Änderungen geplant und umgesetzt werden?

9. Werden Konflikte gelöst, ohne die daran Beteiligten zu verletzten?

10. Ist die Belegschaft über wichtige geschäftliche Dinge informiert?

Auf wie viele überzeugte JA sind Sie gekommen? Wenn Sie neun oder alle zehn Fragen mit JA beantwortet haben, wird in Ihrem Arbeitsumfeld wohl niemand Mordgedanken hegen wie mein Vorgänger. Wenn Sie vier bis acht Fragen mit JA beantwortet haben, gibt es wahrscheinlich den einen oder anderen, der gelegentlich solche destruktiven Gedanken hegt. Wenn Sie nur bis zu drei Fragen mit einem klaren JA beantwortet haben, können Sie sicher sein, dass eine Reihe von Kollegen, Mitarbeitern oder Vorgesetzten ähnliche Gedanken hat wie mein Vorgänger.

Susanne Reinker berichtet in dem Buch „Rache am Chef: Die unterschätzte Macht der Mitarbeiter" von einer dramatischen Episode. Das Rechenzentrum in einem Unternehmen fällt plötzlich aus – eine kritische Situation. Die Experten sind seit zwei Tagen im Einsatz und finden den Fehler nicht. Externe Fachleute werden eilig zu Hilfe gerufen und stehen ebenso ratlos vor dem Problem. Bis schließlich jemand hinter den Computer kriecht und feststellt, dass die Lüftungsschlitze mit Kaugummi verklebt wurden. Die Unternehmensleitung erhebt Anzeige gegen unbekannt. Die Polizei sucht nach Spuren und Fingerabdrücken. Aber die gibt es nicht. Die Tat wurde mit Gummihandschuhen begangen. Ein perfektes Verbrechen. Jemand wollte seiner Firma Böses antun, ohne sich selbst zu gefährden und ohne seine Stelle zu riskieren.

Abfackeln bis zur Rente

Nach Studien des Meinungsforschungsinstituts Gallup haben 87 Prozent der Mitarbeiter in unseren Unternehmen keine guten Gefühle, wenn sie an ihre Arbeit denken. Aber sie trauen sich nicht, es zu sagen. 90 Prozent halten nichts von ihrem Chef. Jeder zweite schämt sich sogar für ihn; Jeder dritte Beschäftigte ist mit den Bedingungen, unter denen er sein Geld verdient, extrem unzufrieden. Nur jeder achte ist zufrieden. Wir können staunen, dass da noch gute Produkte hergestellt und nützliche Dienstleistungen erbracht werden.

Jeder sechste Mitarbeiter ist derart demotiviert, dass er sein Unternehmen am liebsten schädigen würde, wenn ihm das ohne Nachteil oder Risiko für sich selbst möglich wäre – so wie der Kaugummi-Ganove, von dem Reinker berichtet. Im Durchschnitt ist nur jeder achte Mitarbeiter engagiert und motiviert bei der Sache. Etwa zwei Drittel aber sind Mitläufer. Sie tun ihre Pflicht, so wie Organisationspläne und Stellenbeschreibungen es vorsehen und ihre Vorgesetzten es von ihnen verlangen.

Wir können das auch „Abfackeln bis zur Rente" nennen – oder „Dienst nach Vorschrift". Ein Beispiel: Am 1. Juli 2002 stießen über dem Bodensee zwei Flugzeuge zusammen – dabei kamen achtzig Menschen ums Leben. Die Ursache war ein Versehen des Fluglotsen Peter Nielsen in Zürich. Es ist schwer, ihn zu verurteilen, er hatte die Vorschriften beachtet, die erst danach geändert worden sind. Witali Kalojew, der seine gesamte Familie verlor, hat ihn später erstochen.

Dienst nach Vorschrift lässt regelmäßig alle Räder stillstehen. Warum eigentlich? Wenn die Vorschriften gut und richtig wären, müsste doch alles reibungslos funktionieren. Der Grund ist einfach: Es gibt keine perfekte Vorschrift. Es gibt nur engagierte und kluge Menschen, die unvollständige Vorschriften in der konkreten Situation so anwenden, dass das Ergebnis trotzdem stimmt. Wenn Abläufe funktionieren, dann nicht wegen der guten Stellenbeschreibungen und der durchdachten Organisationspläne, sondern trotz der unnötigen und hinderlichen Stellenbeschreibungen oder Organisationspläne. Wenn etwas funktioniert, dann fast immer, weil wache Menschen aufpassen und dafür sorgen.

Aber nur jeder achte Mitarbeiter ist wach, passt auf, reagiert flexibel und arbeitet auf ein Ziel hin, mit dem er sich identifiziert. Gallup hat die Kosten errechnet, die Dienst nach Vorschrift, stiller Boykott oder Sabotageakte frustrierter Mitarbeiter für die Unternehmen zur Folge haben. Allein in Deutschland sollen es direkte Schäden und Produktivitätsverluste in Höhe von mehr als 120 Milliarden Euro im Jahr sein. Die Bedingungen, die der Markt diktiert, sind hart und manchmal bedrohlich. Die viel gefährlichere Bedrohung aber kommt von innen: von der Einstellung der Belegschaft zu ihrem Arbeitgeber.

In seinem Buch „Der Weg zu den Besten" bezeichnet Jim Collins Organigramme, Verfahrenspläne, Checklisten und ähnlichen Wust als

„Unkraut". Hierarchien regeln das, was früher informell abgestimmt wurde, und lassen Kreativität verpuffen. Denken Sie an Ihren Arbeitsplatz: Werden Sie oder Ihre Mitarbeiter für das Erfüllen der Vorgaben der Stellenbeschreibung bezahlt oder für Kreativität, Fantasie und visionäre Begeisterung?

Wer zu spät kommt, den bestraft das Leben

Vor hundert und mehr Jahren wurden die „Untergebenen" von den Eigentümern der Fabriken so behandelt, wie es damals zeitgemäß war. Der Führungsstil leitete sich aus dem Verhalten der Obrigkeit im Feudalsystem und aus dem Militär ab: Untergebene haben zu gehorchen, mitzudenken ist nicht ihre Aufgabe. Im 21. Jahrhundert gelten andere Regeln. Was damals zeitgemäß war, funktioniert schon lange nicht mehr – nicht nur weil es keine „Untergebenen" mehr gibt.

Der Erfolgreiche hat vieles richtig gemacht. Er fühlt sich durch seinen Erfolg bestätigt. Deshalb ist er selten bereit, sich zu ändern. Erfolg stabilisiert das Verhalten. Wenn sich aber die Bedingungen ändern, wird ein neues Spiel gespielt. Was gestern glückte, kann morgen scheitern. Erfolgreiche Menschen sind oft blind für das, was sich in der Welt verändert. Sie erkennen oft zu spät, dass die alten Regeln nicht mehr gelten.

Ein Beispiel dafür ist Erich Honecker (1912 –1994), Staatsratsvorsitzender der DDR. Nach dem Ende „seines" Staates flüchtet er 1991 in die chilenische Botschaft in Moskau, die ihm Asyl gewährt. Zwei westdeutsche Reporter besuchen ihn dort. Honecker ist überzeugt, dass die DDR der bessere deutsche Staat war. Die Reporter fragen ihn, ob es denn nicht doch irgendetwas gegeben habe, was in der DDR nicht so gut gewesen sei wie in der „BRD" (so nennt er Westdeutschland). Ganz offensichtlich fällt ihm dazu nichts ein. Nachdem die Reporter mit dieser Frage nicht locker lassen, überlegt Honecker lange und meint schließlich: „Ja, doch, vielleicht die Versorgung mit Bananen."

„Wer zu spät kommt, den bestraft das Leben", ermahnt Michail S. Gorbatschow ihn rechtzeitig. Gorbatschow – der letzte Präsident der Sowjetunion – ist Erich Honeckers letzter „Chef". Gorbatschows weiser Satz gilt für jeden. Nicht nur Staats- oder Regierungschefs sind in ihrer Existenz bedroht, wenn sie die Zeichen der neuen Zeit nicht erkennen. Unternehmer sind es auch. Wir haben das Hamsterrad überwunden. Die neue Zeit ist angebrochen.

2.

Ein artgerechter König im Krieg

Wie erreichen Sie als Vorgesetzter, dass die Mitarbeiter sich mit dem Unternehmen und seinen Zielen identifizieren? Wie schaffen Sie die Voraussetzungen dafür, dass sich die Mitarbeiter mit ihrem ganzen Potenzial für das Unternehmen und damit auch für ihre eigene Zukunft einsetzen? Das lateinische „tradere" heißt weitergeben, und „innovare" heißt erneuern. Tradition und Innovation lassen sich verknüpfen: Wir geben das Feuer der Erneuerung weiter.

Betrachten wir zunächst das scheinbar entfernte Vorbild eines absolutistischen Herrschers, der alle Macht in seiner Person konzentriert. Er erlässt die Gesetze, zugleich ist er der oberste Richter, und er führt auch die Regierungsgeschäfte. Eine Gewaltenteilung gibt es nicht. Die Untertanen akzeptieren das, weil sie davon ausgehen, dass ihr König oder Kaiser „von Gottes Gnaden" eingesetzt wurde. Mit den Augen dieser Zeit gesehen ist es auch so.

Der preußische König Friedrich II. (1712–1786), auch Friedrich der Große oder der Alte Fritz genannt, eines von vierzehn Kindern, ist der älteste überlebende Sohn seiner Eltern. Der Herrscher eines kleinen und armen Königreichs gibt das Feuer der Erneuerung weiter – ein viertel Jahrtausend vor der Zeitenwende, vor der wir jetzt stehen. Wir können noch heute von ihm und seinen Worten lernen.

■ Er ist realistisch: „Es heißt, dass wir Könige auf Erden die Ebenbilder Gottes seien. Ich habe mich daraufhin im Spiegel betrachtet. Sehr schmeichelhaft für den lieben Gott ist das nicht."

- Er ist demütig: „Ich will der erste Diener meines Staates sein. Dankbarkeit gegen sein Volk ist die erste Tugend eines Monarchen."

- Er ist tolerant: „In meinem Staate kann jeder nach seiner Façon selig werden."

- Er ist respektvoll: „Eine Regierung muss sparsam sein, weil das Geld, das sie erhält, aus dem Blut und Schweiß ihres Volkes stammt. Ein unterrichtetes Volk lässt sich leicht regieren."

- Er ist gebildet: Friedrich – der „Philosoph von Sanssouci" – philosophiert mit den Gelehrten seiner Zeit in französischer Sprache, unter ihnen Voltaire, der Dichter der Aufklärung.

Sie können das Feuer nur weitergeben, wenn Sie brennen

Die Geschichtsschreibung übermittelt uns oft nur die Ergebnisse, und selten die Rückschläge, die es zu überwinden gilt und die Dramen, mit denen die Wege zum Ziel gepflastert sind.

Im Jahr 1757 erklärt die russische Zarin Elisabeth I. Preußen den Krieg. Franz I., Kaiser des Heiligen Römischen Reiches und Ehemann von Maria Theresia von Österreich, lässt Friedrich als „vogelfrei" ausrufen. Frankreichs Auftrag an seine Truppen lautet: «la destruction totale de la Prusse» (dt.: die vollständige Vernichtung Preußens). Sachsen hat seine Armee für den Kampf gegen Preußen von 17.000 auf 40.000 Mann erhöht. Schweden hat sich den Alliierten angeschlossen, seine Armee steht wenige Kilometer vor Berlin. Die Feinde haben die Vorratskammern Preußens in Schlesien erobert. 4.000 ungarische und kroatische Soldaten besetzen Berlin und verlangen ein Lösegeld von 20.000 Talern. Ein Kassensturz ergibt, dass die preußische Staatskasse am Jahresende leer sein wird.

In der Schlacht gegen Österreich bei der mittelböhmischen Stadt Kolín an der Elbe hat die von Friedrich kommandierte preußische Armee fast 14.000 Mann und 1.700 Pferde verloren. Den nach der Niederlage zurückflutenden Truppen schreit der König entgegen: „Kerle, wollt ihr ewig leben?"

Der Historiker Hans Christian Altmann berichtet in dem Buch „Sternstunden der Führung", wie Friedrich dann am 1. Dezember 1757 das Schicksal seines Landes wendet. Kurz vor der entscheidenden Schlacht des Siebjährigen Krieges mit 73.000 Österreichern gegen 43.000 Preußen geht er durch die Zelte, spricht mit den einfachen Soldaten in „Kutscherdeutsch" – der Sprache der Straße –, klopft ihnen auf die Schulter, macht Witze über den Feind. Das ist ein für einen absolutistischen Monarchen seiner Zeit im Grunde gar nicht vorstellbares Verhalten. Die Soldaten fassen ihn am Rock an, duzen ihn und nennen ihn „Fritze". Er lässt Speck, Branntwein und Bier verteilen.

Vor den Offizieren zieht er dann alle Register – mit nüchterner Analyse, schonungsloser Wahrheit und packenden Appellen. Er schließt seine Ansprache mit einem überraschenden Angebot: „Ich muss diesen Schritt wagen, oder alles ist verloren. Wir müssen den Feind schlagen oder uns alle vor seinen Batterien begraben lassen... Wenn Sie bedenken, dass Sie Preußen sind, werden Sie sich gewiss dieses Vorzugs nicht unwürdig machen wollen. Sollte aber einer unter Ihnen sein, der davor zurückschreckt, die letzte Gefahr mit mir zu teilen, der kann noch heute seinen Abschied erhalten, ohne den geringsten Vorwurf von mir zu erleiden."

Die Anwesenden schweigen tief betroffen. Der König ist mit dem stillschweigenden Treuebekenntnis zufrieden und fährt fort: „Schon im Voraus war ich davon überzeugt, dass mich keiner von Ihnen verlassen würde. Ich rechne auf Ihre Hilfe und den Sieg. Sollte ich fallen und Sie für Ihre Verdienste nicht belohnen können, so muss es das Vaterland tun. Nun leben Sie wohl, meine Herren. In kurzem haben wir den Feind geschlagen, oder wir sehen uns niemals wieder."

Die Generäle wollen auf ihn zugehen und ihm die Hand drücken. Aber Friedrich weicht zurück, er will keine Ersatzhandlung. Die Soldaten sollen ihre Entschlossenheit nicht mit Gesten, sondern mit Mut auf dem Schlachtfeld beweisen. Für Absichtserklärungen gibt es keine Vorschusslorbeeren.

Am 5. Dezember 1757 siegen die Preußen bei Leuthen in Schlesien gegen einen übermächtigen Gegner.

„Tut eure Pflicht"

Das Vorbild dieses außergewöhnlichen Führers strahlt bis heute. Als Vorgesetzter können Sie ihm nacheifern. Beherzigen Sie dabei fünf klare und einfache Regeln:

1. Vertrautheit und Nähe durch direkten persönlichen Kontakt.

2. Autorität durch Ihr ehrliches und glaubwürdiges Vorbild.

3. Wertvorstellungen, die durch Taten bezeugt werden, nicht durch Absichten.

4. Selbstwertgefühl, das Sie bei jedem aufbauen und das unabhängig von allen äußeren Umständen eine gute Stimmung erzeugt.

5. Freiwilligkeit: Wer nicht ungestraft NEIN sagen darf, kann auch nicht überzeugt JA sagen.

Als Mitarbeiter können Sie sich von dem Dramatiker Pierre Corneille (1606–1684) inspirieren lassen – einem der Intellektuellen, die Friedrich bewundert: „Faites votre devoir, et laissez faire aux dieux" (dt.: Tut eure Pflicht und überlasst den Rest den Göttern) ist sein von Corneille übernommener Leitspruch. Friedrich leitet daraus seine eigene Lebensweisheit ab: „Wer dem Unglück nicht standhalten kann, ist des Glückes unwürdig."

Warum strahlt das Vorbild dieses Königs nicht mehr? Warum erwarten die meisten Vorgesetzten heute vergeblich, dass die Mitarbeiter ihre Pflicht tun, ohne immer gleich an eine Belohnung zu denken?

Warum sind sie in schwierigen Zeiten nicht sturmfest und warten geduldig, bis die Götter ihnen Feedback geben?

Warum vermissen die meisten Mitarbeiter heute die Vertrautheit durch Nähe mit dem Vorgesetzten und sein glaubwürdiges Vorbild? Warum fehlen ihnen auf Taten beruhende Wertvorstellungen und ein von „oben" gestärktes Selbstwertgefühl? Viele glauben, dass sie ihre Sicherheit gefährden, wenn sie NEIN sagen. Deshalb können sie auch nicht aus innerer Überzeugung JA sagen.

Das Führungs- und Organisationsmodell der Industrialisierung wurde auf drei Fundamenten gebaut:

1. Neue technische Möglichkeiten (das Fließband ermöglichte Massenproduktion).

2. Neue Bedürfnisse (die Massenproduktion ermöglichte den Massenkonsum).

3. Neue Organisationsmodelle (die Hierarchie ermöglichte zentrale Kontrolle).

Dieses Modell ist ein Auslaufmodell. Die Massenproduktion wird durch die Tendenz zur Individualisierung aufgeweicht, ebenso der Massenkonsum, weil die Steigerung der Produktivität nicht denen zugute kommt, die sie erarbeiten. Und die zentrale Kontrolle zerbricht gerade. Wer sie verliert, stemmt sich gegen diesen Verlust. Die Umwälzungen sind deshalb mit einer Krise verbunden. Shoshana Zuboff und James Maxmin sprechen in dem Buch „The Support Economy" (dt.: Unternehmen, die den Kunden dienen) von einer „Transaktionskrise".

Sind Sie bereit, Ihre Pflicht zu tun, auch wenn Sie die Situation nicht selbst kontrollieren können? Sind Sie bereit, sich für Ziele einzusetzen, die nicht Ihre sind? Wie die meisten Menschen sind auch Sie wahrscheinlich kein Masochist, der sich selbst quält, um anderen einen Gefallen zu tun. Und wahrscheinlich auch kein Märtyrer, der sich für eine Sache opfert, die nicht seine ist.

Die Soldaten und Offiziere des preußischen Königs setzten ihr Leben ein, weil seine Glaubwürdigkeit und Loyalität ihnen Kraft gab. Seine Werte machten sie zu ihren Werten. Sein Angebot, ungestraft NEIN sagen zu können, bewirkte ihr unbedingtes JA. Vielen Belegschaften in den Unternehmen der heutigen Welt fehlt ein solches Vorbild. Der Preis für ein NEIN ist zu hoch. Deshalb sagen sie auch nicht JA, sondern erdulden ihre Fremdbestimmung und resignieren.

Das Kapital wird wichtiger als die Menschen?

Ein Auslöser für die weltweite Fremdbestimmung in der Arbeitswelt ist ein US-amerikanisches Gerichtsurteil, das eine Spur auf der ganzen Welt hinterlässt: 1932 gründen Joseph und Charles Revson die Kosmetikfirma Revlon. Zu Beginn der 1980er Jahre interessiert sich die Leitung der Firma nicht nur für die Gewinne der Eigentümer, sondern auch für Belange von Belegschaft, Kunden und Lieferanten. Da wird sie verklagt. 1985 verurteilt der Delaware Supreme Court (das höchste Gericht des Bundesstaates) die Führung des Unternehmens. Mit diesem Urteil gelingt es Ronald Pereman, die Aktiengesellschaft „feindlich" zu übernehmen. Und das heißt: gegen den erbitterten Widerstand der Belegschaft und der Unternehmensleitung.

Dieses Urteil zwingt die Unternehmen der Welt zu einer Strategie, die „Shareholder-Value-Doktrin" genannt wird. „Shareholder Value" ist der Betrag, den das gesamte Unternehmen zum gegenwärtigen Börsenkurs wert ist. Das Management wird verpflichtet, den Unternehmenswert und den Reichtum der Aktionäre mit allen legalen Mitteln zu mehren und diesem Ziel alle anderen Ziele unterzuordnen.

Wer die Doktrin nicht befolgt, riskiert, dass der Aktienkurs sinkt – und damit eine feindliche Übernahme des Unternehmens. Aktienfonds, die solche Spiele radikal betreiben, können Übernahmen dann mit Krediten großer Finanzinstitute finanzieren. Die Rückzahlung der Kredite wird dem eroberten Unternehmen aufgebürdet. Wenn es den Wert des Unternehmens erhöht, muss die Unternehmensleitung

Personal entlassen. Naomi Klein beschreibt diese Machenschaften und ihre Hintergründe auf 763 Seiten detailliert und faktenreich: „Die Schock-Strategie: Der Aufstieg des Katastrophen-Kapitalismus".

Die Vorstände müssen mitspielen und ihre Verantwortung für das Ganze zurückstellen. Die Voraussetzungen dafür schuf Mitte der 1970er Jahre eine namhafte Unternehmensberatungsgesellschaft. Bis dahin waren Manager Arbeitnehmer, ebenso wie die ihnen unterstellten Mitarbeiter – und standen damit in natürlichem Interessengegensatz zu den Kapitaleignern. Mit einem Trick werden die angestellten Unternehmensführer von der Seite der Belegschaft auf die Seite des Kapitals gezogen: mit sogenannten „Stock Options" (dt.: Aktienoptionen).

Aktienoptionen werden als Erfolgsbonus – als Belohnung – zusätzlich zum Gehalt ausgegeben, wenn der Aktienkurs eine bestimmte Höhe erklimmt. Wer solche Optionen besitzt, kann sie gegen Aktien des von ihm geleiteten Unternehmens eintauschen und diese Aktien später auch verkaufen.

Unabhängig von den Zwängen der Rechtsprechung hat der Inhaber von Optionen ein persönliches Interesse an einem hohen Aktienkurs. Die Versuchung ist groß, diesem Interesse andere Themen unterzuordnen: die Belange der Belegschaft und die langfristige Zukunft des Unternehmens; gewachsene Kunden- und Lieferantenbeziehungen; Fairness gegenüber Wettbewerbern; Loyalität gegenüber Produktionsstandorten, die die Infrastruktur bereitstellen und deren Bevölkerung von Entlassungswellen betroffen ist; sowie Rücksicht auf den Staat, auf dessen Infrastruktur alle Unternehmen angewiesen sind.

Aktienoptionen haben den Kapitalismus von Grund auf verändert. Die Führung von börsengehandelten Aktiengesellschaften ist seitdem weniger bestrebt, Produkte oder Dienstleistungen anzubieten, Standorte und Arbeitsplätze zu erhalten. Sie bemüht sich vor allem darum, den Aktienkurs nach oben zu treiben. Die übrigen Arbeitnehmer – bis dahin in einer Interessengemeinschaft mit der Unternehmensspitze –

bleiben zurück und profitieren nicht mehr von dem Produktivitätszuwachs, den sie erarbeiten.

Auch das Land, in dem die Aktiengesellschaft ihren Sitz hat, bleibt zurück. Die Mehrheit der Aktien der 30 größten und umsatzstärksten deutschen Unternehmen, die an der Frankfurter Börse gehandelt werden – die deutschen „DAX-Konzerne" – gehört nach Auskunft der Wirtschaftsprüfer Ernst & Young ausländischen Investoren. In anderen Ländern ist es kaum anders. Viele dieser Konzerne weisen Bilanzsummen aus, die das Bruttoinlandsprodukt der meisten Staaten dieser Welt übersteigen.

Die Aktienfonds haben ihren offiziellen Sitz überwiegend auf exotischen Inseln, die ihnen als „tax haven" (dt.: Steuerfluchtstätte) dienen. Diese sogenannten „Offshore"-Finanzplätze" liegen jenseits der eigenen Küste. Aber die Fonds werden in der „City of London" verwaltet. Ähnlich wie der Vatikan kein Teil Italiens ist, gehört der Finanzdistrikt „City of London" nicht zu Großbritannien. Der Finanzdistrikt ist eine eigenständige politische Einheit. Die dort gültigen Gesetze werden von den ca. 250 global tätigen Finanzinstituten gestaltet, die dort niedergelassen sind und keine nationale Identität haben.

Samuel J. Palmisano, Aufsichtsratsvorsitzender der Computerfirma IBM, drückt die Auflagen des Finanzsektors in seiner „Roadmap to 2015" (dt.: Zielplanung für 2015) knackig aus: „Earnings to double" (dt.: Den Gewinn verdoppeln). Unter der Leitung der Vorstandsvorsitzenden Virginia M. „Ginni" Rometty sollen die weltweit über 430.000 Mitarbeiter die Renditen der Aktien in wenigen Jahren um 100 Prozent erhöhen. Dieser Druck wird an die gesamte Belegschaft weitergegeben.

Die Konsequenzen zeigen sich in den Vereinigten Staaten – dem Ausgangspunkt der veränderten Rechtsprechung – am dramatischsten: 1970 verdiente ein Unternehmenschef in den USA das 25fache des Durchschnittseinkommens seiner Mitarbeiter, heute ist es das 500fache. Im Rest der Welt driften die Einkommen zwischen der Unternehmensspitze und der Belegschaft ähnlich stark auseinander.

Weltbilder sind schwer zu erschüttern

Die veränderte Vertragsgestaltung von Unternehmensführern und das Gerichtsurteil aus Delaware sind Versuche der globalen Finanzmärkte, die zentrale Kontrolle zu erhalten – und die Gleichheit der Menschen vor dem Gesetz durch die Gleichheit der Dollars und Euros vor dem Gesetz auszuhebeln. „Der Krieg gegen die arbeitende Bevölkerung ist ein richtiger Krieg", schreibt der Sprachwissenschaftler A. Noam Chomsky in seinem Buch „Hybris. Die endgültige Sicherung der globalen Vormachtstellung der USA".

In den 90er Jahren hat sich die Politik zum Sündenfall verführen lassen und die Kapitalverkehrskontrollen weltweit aufgehoben. Damit ist der Finanzwirtschaft die Möglichkeit zur Flucht oder zur Erpressung gegeben, wenn ein Staat sich weigert, ihre Forderungen zu erfüllen. Seitdem beherrschen die Finanzmärkte die Welt. Und seitdem verschlechtern sich die Bedingungen für fast alle Menschen, die arbeiten, um ihren und den Wohlstand aller anderen zu sichern.

Der Glaube, dass die Finanzmärkte ohne Einschränkungen walten und schalten sollten, ist die Grundlage der noch immer herrschenden Lehre der Ökonomie. Dieser Glaube hat einen Kreuzzug ausgelöst und die Wissenschaft, die Presse, die Politik wie auch die öffentliche Meinung erobert. Krisen und Arbeitslosigkeit werden benutzt, um „die Schrauben weiter anzuziehen", die Arbeitseinkommen zu drücken und die Beschäftigungssicherheit auszuhöhlen.

Staaten lassen sich gegeneinander ausspielen und passen gesetzliche Regelungen an die Anforderungen globaler Konzerne an. Regierungschefs, die jahrelang die Misstrauensvoten der Opposition überstehen, werden von den „Märkten" innerhalb weniger Tage ausgewechselt, wenn sie deren Forderungen nicht erfüllen. Diese Zusammenhänge sind bedeutsamer als das, was darüber in der Zeitung steht. Der Historiker Michael Hudson überschreibt das, was uns deshalb seiner Meinung nach blüht, in seinem Buch so: „Der neue Weg in die Leibeigenschaft".

Warum ist der Glaube, der diesen Kreuzzug ausgelöste, so schwer zu erschüttern? Der Physiker Max Planck (1858–1947) sagt es uns: „Eine neue wissenschaftliche Erkenntnis setzt sich nicht durch, weil die Vertreter der veralteten Lehrmeinung überzeugt werden, sondern erst nachdem diese Vertreter ausgestorben sind." Wir müssen also noch eine Weile warten. Weltbilder sind schwer zu erschüttern.

Ein richtiger Ingenieur zum Beispiel entwickelt und produziert technischen Fortschritt. Ein „financial engineer", wie es im Fachjargon heißt (ein Finanzingenieur – oder vielleicht sollten wir ihn besser Finanzjongleur nennen), entwickelt oder produziert nichts, was irgendjemandem das Leben erleichtert. Im Gegenteil: Er vernichtet Arbeitsplätze, Ersparnisse, Altersversorgungen, Ausbildungshoffnungen, Lebenschancen, ja Leben und vermehrt Not, Verzweiflung und Hunger auf der Welt. Aber er verdient bis zu hundert Mal mehr als ein richtiger Ingenieur.

Charles Moore, offizieller Biograph der früheren britischen Premierministerin Margaret Thatcher, gibt Ende 2011 in der englischen Tageszeitung „Daily Telegraph" zu, dass „ein System, das angetreten ist, das Vorankommen von vielen zu ermöglichen, sich zu einem System pervertiert hat, das wenige bereichert." Margaret Thatcher hätte ihn wegen dieser späten Einsicht entlassen.

Frank Schirrmacher, Herausgeber der Frankfurter Allgemeinen Zeitung, weist darauf hin, dass das große Versprechen individueller Lebensmöglichkeiten sich in sein Gegenteil verkehrt. Die Chancen auf einen Job, ein eigenes Haus, eine anständige Rente, einen guten Start der Kinder werden immer kleiner. Aus ökonomischen Problemen entstehen deshalb unweigerlich moralische Probleme.

In dem Buch „Schulden. Die ersten 5000 Jahre" zitiert der Anthropologe David Graeber den Freiheitskämpfer Martin Luther King, der die Einlösung des Versprechens der amerikanischen Verfassung auch für die Schwarzen einfordert. Ich möchte dieses Zitat umschreiben und mit diesem Buch das Versprechen der demokratischen Verfassungen für alle Menschen – und für Sie als Leser – einfordern:

Die Architekten unserer Verfassungen haben uns Freiheit zugesichert. Damit haben sie ein Versprechen gegeben, das immer noch gilt. Die Paragraphen der Verfassungen sind eine Verpflichtung, die nicht eingehalten wird. Die Garantien für Freiheit sind stattdessen mit der Bemerkung „verschuldet" überschrieben. Das erste Wort für Freiheit in einer uns bekannten Sprache ist das sumerische „amargi". Es bedeutet: Schuldenfreiheit. Wir Menschen heute und die Staaten, in denen wir leben, sind in Schuldknechtschaft geraten und deshalb zu Sklaven geworden.

Friedrich II., König von Preußen, hat die französische Revolution nicht mehr erlebt. Sein Vorbild aber ragt darüber hinaus. Was wir heute brauchen, ist eine Revolution in der Arbeitswelt. Wodurch sie ausgelöst wird, wissen wir nicht. Auch wenn Sie Ihre Situation für aussichtslos halten: Seien Sie erst recht entschlossen, sie zu ändern.

3.

EIN ARTGERECHTER
UNTERNEHMER IM FRIEDEN

D ie Kapitalmärkte üben auf die Belegschaften und auf ihre Chefs einen gewaltigen Druck aus. Wenn ein tonnenschweres Flugzeug mit Druck starten wollte, würde es nicht abheben. Das Abheben gelingt nur, weil oberhalb der Tragflächen ein hoher Unterdruck – ein Sog – erzeugt wird.

Auch unser Herz drückt das Blut nicht durch die Arterien. Es zieht das Blut aus den Venen in seine Kammern und lässt so täglich elf bis achtzehn Tonnen Blut durch den menschlichen Körper fließen. Bäume und andere Pflanzen ziehen das Wasser aus dem Boden. Trinkwasser entsteht beim Zusammentreffen von Wasserstoff- und Sauerstoffmolekülen unter der Erdoberfläche. Das beste Wasser ist Quellwasser aus Hochgebirgsquellen, das nie gepumpt worden ist. Es sprudelt durch das Sogprinzip nach oben ans Tageslicht. Sog entsteht, weil ein Vakuum das Blut bzw. Wasser anzieht.

Der Regisseur Mark Dodd zeigt in seinem preisgekrönten Film „The Man Who Stopped the Desert" (dt.: Der Mann, der die Wüste aufhielt) die Geschichte des Bauern Yacouba Sawadogo. Er sammelt mit Sog Regenwasser und pflanzt in der Sahelzone auf 15 Hektar Wüstenboden Bäume. Inzwischen sind seine Bäume zu einem großen und artenreichen Wald zusammengewachsen.

Der Förster Viktor Schauberger (1885–1958) beobachtet, wie Forellen durch den Sog ihrer Kiemen in einem herabstürzenden Wasserfall nach oben schwimmen. In vielen Aufsätzen erklärt er das Prinzip, das diesem Phänomen zugrunde liegt. Er überträgt es auf technische Lösungen zur Erzeugung von Energie und baut Geräte, die Energie erzeugen.

Der Psychoanalytiker Wilhelm Reich (1897–1957) spricht von einer Lebensenergie, die uns ständig umgibt. Über Energiepunkte in unserem Körper – die Chakren – sollen wir sie „aufsaugen" können. Er nennt diese Energie Orgon, die er in „Orgon-Akkumulatoren" konzentriert und technisch umsetzt.

Die Chinesen bezeichnen diese Energie als Ch'i, die Hindus als Prana, die Japaner als Reiki und die Hawaiianer als Huna. Russische Forscher sprechen von Bioplasma. Der Elektroingenieur Nicola Tesla (1856–1943) sagt, es sei Strahlenenergie. Er erfindet die drahtlose Energieübertragung, entwickelt eine nach ihm benannte Turbine und eine Drehstrommaschine.

Sog ist das Prinzip der Natur. Auf die Führung übertragen bedeutet Sog, dass die Menschen von ihrem Lebensauftrag angezogen werden. Druck ist das Prinzip der Unterdrückung. Auf die Führung übertragen bedeutet Druck, dass Menschen zu etwas gezwungen werden, das sie von sich aus nicht täten. Auf Sog basierende Techniken zur Erzeugung von Energie passen deshalb nicht in ein Führungssystem, das Menschen unterdrückt und ausbeutet.

Viktor Schauberger wurde vergiftet. Wilhelm Reich kam in einem US-Gefängnis zu Tode. Nikola Tesla wurde in einem New Yorker Hotel tot aufgefunden. Seine Unterlagen sind beschlagnahmt worden. Die Systeme dieser genialen Erfinder hätten uns Energie geliefert, für deren Verbrauch wir genauso wenig Gebühren hätten zahlen müssen wie für die Atemluft. Das aber ist nicht in jedermanns Interesse.

Der Strömungstechniker Carl Wieselsberger (1887–1941) untersucht, warum Zugvögel in einer umgekehrten V-Formation fliegen. Die Luft über ihren Flügeln wirbelt hinter den Flügelspitzen spiralförmig nach oben und hinterlässt einen Aufwind. In diesem Aufwind haben nachfolgende Vögel einen geringeren Luftwiderstand zu überwinden und brauchen weniger Energie. Wenn 25 Vögel in solch einer V-Formation fliegen, erhöht sich die Strecke, die sie ohne Unterbrechung zurücklegen können, um 70 Prozent gegenüber der Entfernung, die ein einzelner Vogel überwinden kann.

Der vordere Vogel erschafft mit jedem Flügelschlag einen Sog, der die schräg hinter ihm fliegenden mitzieht. Sobald der führende Vogel ermüdet, rotiert er zurück in die Seitenlinien, und ein anderes Tier führt an. Beim Überwinden großer Entfernungen ist dieser Wechsel entscheidend. Wird ein Vogel verletzt und muss die Formation verlassen, folgen ihm zwei andere Tiere, helfen ihm und schützen ihn. Sie bleiben bei dem gefallenen Vogel, bis er wieder fliegen kann oder bis er stirbt. Erst dann setzen sie ihre Reise mit einer anderen Formation oder auf eigene Faust fort, um ihre ursprüngliche Gruppe wieder zu finden.

Freude, Farbe und Fülle erschaffen einen solchen Sog in der Arbeitswelt. Wenn alle das gleiche Ziel und ein Verständnis für Gemeinschaft haben, kann jeder die Schubkraft seiner Kollegen nutzen. So erreichen alle gemeinsam sogar anspruchsvolle Ziele – leicht, schnell und sicher.

Unternehmer arbeiten nicht für Geld

Im 19. und 20. Jahrhundert begründen große Unternehmer unseren heutigen Lebensstandard. Georg C. Henschel (1757–1835) baut Dampfmaschinen, Ernst Werner Siemens (1816–1892) Telegraphenleitungen und Georg M. Pfaff (1823–1893) Nähmaschinen. August Thyssen (1842–1926) betreibt ein Eisen- und Walzwerk, Adolph Hermann Blohm (1848–1930) eine Schiffswerft. Reinhard Mannesmann (1856–1922) baut Stahlröhren. Robert Bosch (1861–1942) gründet eine Werkstätte für Feinmechanik und Elektrotechnik. Claude Dornier (1884–1969) konstruiert Flugzeuge und Max Braun (1890–1951) Elektrogeräte. Die frühen Autobauer Gottlieb Daimler, Carl Benz und Henry Ford habe ich schon erwähnt.

Ihre bis jetzt bekanntesten Nachfolger im 21. Jahrhundert sind Steven „Steve" Paul Jobs (1955–2011), der in einer Garage den ersten

Heimcomputer entwickelt, und William „Bill" H. Gates III (geb. 1955), Software-Architekt, Unternehmensgründer und einflussreiche Persönlichkeit in der Informationstechnik.

Jeder dieser großen Unternehmer ist besessen von einer Vision, einem Produkt, einem Projekt. Jeder von ihnen treibt einen technischen Fortschritt an, der das Leben auf unserem Planeten verändert. Solche Ideen bilden einen Sog und stecken Menschen an, die in dem „Aufwind" mitfliegen, den die Idee auslöst. Keiner von ihnen arbeitet für Geld. Geld ist nie ein Ziel. Manchmal hilft es, eine Vision zu verwirklichen, aber auch nur manchmal. Die ersten Helfer vieler Gründer sind oft ihre Freunde. Eine Bezahlung ist am Anfang meist gar nicht möglich. Der Sog der Idee zieht sie an.

Würden Sie auch gern einen solchen Sog auslösen? Er muss ja nicht gleich so ein gewaltiger wie bei diesen Unternehmensgründern sein. In Ihrem kleinen Umfeld wäre es auch schon gut. Wenn ja, dann beschäftigen Sie sich zunächst nicht mit dem, WAS Sie tun wollen, und auch nicht damit, WIE Sie es tun wollen. Fragen Sie zuerst, WARUM Sie überhaupt etwas tun wollen.

Die Frage nach dem WARUM wird im limbischen System unseres Gehirns bearbeitet, das unsere Emotionen und Entscheidungen steuert. Bei Störungen löst es Depressionen oder Gedächtnisstörung aus. Die Frage nach dem WAS und WIE wird in der Oberfläche unserer Großhirnrinde – dem Neocortex – bearbeitet. Dort sind die Assoziationszentren, die unsere Sinneseindrücke verarbeiten.

Stehen Sie mit Ihrem ganzen Herzen hinter Ihrem WARUM? Denken Sie dabei nicht nur an sich, sondern auch an andere Menschen, an Ihren Beitrag zur Welt? Wenn das so ist, kann dieses WARUM Sie ein Leben lang tragen. WIE Sie Ihr WARUM dann erfüllen und WAS Sie konkret tun, wird sich daraus ergeben. Das WIE und das WAS können sich im Laufe der Zeit ändern. Stimmt die WARUM-Basis, führt das zu einem erfüllten Leben.

Wenn Sie Unternehmer sind und Ihr WARUM gefunden haben, üben Sie damit eine Sogwirkung auf andere Menschen aus. Deshalb gelingen Ihre Vorhaben. Wenn Sie Mitarbeiter sind und ein erfülltes, zufriedenes Arbeitsleben führen wollen, suchen Sie ein Unternehmen, dessen WARUM Sie auch zu Ihrem machen können.

Ein artgerechtes Hotel und ein artgerechtes Dorf

Thomas J. Peters und Robert H. Waterman berichten in ihrem Klassiker „Auf der Suche nach Spitzenleistungen" von einer alltäglichen Begebenheit: In ihrem Hotel checken sie am Vormittag aus und fahren nach diversen Besprechungen abends mit dem Taxi zum Flugplatz, um das Flugzeug nach New York zu erreichen. Es ist der letzte Flug an diesem Tag. Aber die beiden sind wenige Minuten zu spät. Ihr Flugzeug legt gerade vom Flugsteig ab. Sie sind gezwungen, eine Nacht länger zu bleiben.

Die Zimmervermittlung am Flughafen muss passen. Wegen eines Kongresses in der Stadt sind alle Hotels ausgebucht. Da fahren sie zurück zu dem Hotel, wo sie am Mittag auscheckten – ein Hotel für Geschäftsleute mit etwa tausend Zimmern. Vielleicht wird ihnen dort geholfen. Als sie auf den Empfang zugehen, fragt eine der beiden Damen verwundert: „Herr Peters, Herr Waterman, was ist los? Sie haben heute früh ausgecheckt, warum sind Sie wieder hier?"

„Woher kennt sie unsere Namen?", schießt es den beiden durch den Kopf. Schließlich freut sich jeder, wenn eine wildfremde Person ihn mit Namen anspricht. Peters und Waterman wissen, wie schwer es ist, in dem personalintensiven Hotelgeschäft ordentliche Gewinne zu erwirtschaften.

Dieses Hotel gehört zu der einzigen Hotelkette, die guten Gewinn erzielt. Aus dieser Feststellung ergibt sich ein spannendes Projekt: Peters und Waterman untersuchen über alle Branchen, was erfolgreiche Unternehmen von erfolglosen unterscheidet. Die Quintessenz dieser Untersuchung fasse ich in einem einzigen Satz zusammen: Gute Unternehmen haben Erfolg, weil die Mitarbeiter auf der untersten Hierarchiestufe sich mit dem Unternehmen und seinen Zielen identifizieren und mit großem Einsatz dafür arbeiten.

Juan Antonio Sánchez überträgt diese Erkenntnis auf die Kommunalverwaltung. Er ist Bürgermeister einer Gemeinde mit 2.750 Einwohnern: Marinaleda in einem abgelegenen Zipfel von Andalusien, Spanien. Regelmäßig lädt er per Megafon die Bürger zu einer „Asamblea" ein – einer Versammlung aller Dorfbewohner. Was dort beschlossen wird, setzt der Gemeinderat um:

■ Mit Unterstützung der Regionalregierung hat die Gemeinde ein 1.200 Hektar großes Gut gekauft und bewirtschaftet es genossenschaftlich.

■ Die Genossenschaft baut Artischocken, Bohnen, Piquillo-Paprika und Oliven an und betreibt eine eigene Konservenfabrik.

■ Es gibt gute Sportmöglichkeiten und einen Kindergarten, der für jede Familie zwölf Euro im Monat kostet.

■ Die Gemeinde lässt Häuser mit insgesamt 350 Wohnungen bauen. Das Grundstück und die Materialien werden gestellt. Die späteren Bewohner bauen die Häuser selbst. Die Materialien werden von den Familien mit fünfzehn Euro im Monat abbezahlt. Keiner muss sein Haus mit Hypothekenschulden belasten.

■ Die Region um das abgelegene Dorf ist wirtschaftlich zurückgeblieben und von hoher Arbeitslosigkeit geplagt. Marinaleda aber hat eine zufriedene und vollbeschäftigte Bevölkerung.

Mitarbeiter wählen ihre Vorgesetzten

Antonio C. Semler gründet 1953 ein kleines Unternehmen in São Paulo, Brasilien, das Zentrifugen für die Ölindustrie und Pumpen für die Werftindustrie herstellt: die Semco S/A. Im Jahr 1982 übergibt er die Firma an seinen Sohn Ricardo F. Semler (geb. 1959). Der überträgt die Erkenntnis von Peters und Waterman auf die Industrie.

Nachdem Ricardo Semler selbst einmal kollabiert und mit einem totalen Burn-out in ein Krankenhaus eingeliefert worden ist, schwört er sich, seine Gesundheit nie mehr der Arbeit unterzuordnen und das auch von keinem seiner Mitarbeiter zu verlangen. „Druck und Stress", so sagt er, „machen Menschen nicht produktiv, sondern einfach nur kaputt."

Gemeinsam mit seinem Personalleiter Clovis Bojikian setzt er ein Konzept um, bei dem Menschen sich in der Arbeit entfalten und ihr ganzes Potenzial einbringen können. Bojikian – ein Pädagoge, heute Rentner – leitete in den 60er Jahren eine Modellschule, die Schüler in Kleingruppen zu kritischen Persönlichkeiten erzog. Die damalige Militärdiktatur in Brasilien entließ ihn deshalb.

Semler und Bojikian ersetzen Kontrolle durch Vertrauen und begründen ein artgerechtes Führungssystem: Das Herzstück des Unternehmens sind Teams. „Team" steht in diesem Zusammenhang nicht für „Toll, ein anderer macht's". Die Leute in einem Team sind gemeinsam verantwortlich für ein Produkt, für ein Zwischenprodukt oder für ein festes Aufgabengebiet. Im Team werden Arbeitszeiten, Gehälter und Geschäftsreisen vereinbart, Investitionen und die Gewinnverwendung beschlossen. Die Mitarbeiter wählen ihre Vorgesetzten, bestimmen selbst, ob neue Kollegen eingestellt werden, und wählen sie aus. Alle drei Monate werden die Geschäftszahlen jeder Abteilung offengelegt. Alle Zahlen – auch die Gehälter – sind für jeden einsehbar.

Paulo Rogério, Betriebsrat von 3.000 Mitarbeitern bei Semco, stellt dem System ein gutes Zeugnis aus: „Es ist ein Unternehmen, in dem wir gerne zur Arbeit gehen", sagt er. „Wir können wachsen und dürfen Fehler machen." Die Fluktuationsrate liegt unter 1 Prozent. Die Firma ist ein Gemeinschaftsprojekt, eine geteilte Leidenschaft von vielen. Jeder trifft die Entscheidungen mit, die ihn interessieren und unmittelbar betreffen. Jeder ist Mitschöpfer seiner eigenen Zukunft.

Für jeden ist Beruf mit Berufung und Leidenschaft verbunden. Fragen statt planen lautete dabei die Devise.

Fragen markieren die Grenzen unserer Welt. Was wir nicht fragen können, ist für uns nicht möglich. Deshalb kann es auch nicht geschehen. Sobald wir eine Frage stellen, ist eine Antwort für uns zumindest denkbar. Alles, was wir denken, ist potenziell auch möglich und wird deshalb irgendwann sein. Der Weg dahin ist manchmal nur eine Frage der Zeit, immer aber eine Frage des festen Glaubens an das Ziel und des Einsatzes von Menschen, die den Weg gemeinsam gehen wollen.

Semco ist noch zu mehr als 90 Prozent in Ricardo Semlers Besitz. Vorstandsvorsitzender ist jetzt José Violi. Und was macht Semler? Auch er stellt Fragen, zum Beispiel:

- Haben wir die richtigen Leute?
- Sind wir im richtigen Geschäft?
- Tun wir das Richtige?

Mit diesen drei Fragen führt er die Firma, seit er die Nachfolge seines Vaters angetreten hat. Mitte der 80er Jahre beantwortete er sie anders als die meisten seiner Manager. Daraufhin entließ er an einem einzigen Nachmittag mehr als die Hälfte von ihnen: alle, die noch an einen Wiederaufstieg der Werftindustrie in Brasilien glaubten. Heute kann jeder Mitarbeiter Ideen zu neuen Geschäftszweigen einbringen. So hat sich das Unternehmen zum führenden Logistik-Dienstleister in Brasilien entwickelt und kooperiert mit europäischen, nordamerikanischen und japanischen Hightech-Firmen verschiedener Branchen.

Von der Konzernspitze und den von ihren Mitarbeitern gewählten Teamleitern abgesehen, gibt es heute überhaupt keine Manager mehr im Unternehmen.

4.

Unternehmen sind wie Eisberge

Veränderungen sind oft unsichtbar und wirken unter der Oberfläche. Das ist wie bei einem Eisberg. Eine weiße Spitze ragt aus dem Wasser empor. Im Süden Argentiniens fuhr ich mit einem Schiff einmal an einen Eisberg heran. Der dreißig Kilometer lange Perito-Moreno-Gletscher „kalbt" dort: Die Gletscherzunge ist fünf Kilometer breit und hundert Meter hoch. Alle paar Tage bricht ein gewaltiger Eisberg vom unteren Ende der Gletscherzunge ab und löst meterhohe Flutwellen in dem patagonischen See aus. Dicht an der Wand des Eisbergs sehe ich seine riesigen Ausmaße, die im Dunkel der Tiefe verschwinden.

Der Wind bläst kräftig aus dem antarktischen Süden, der Eisberg bewegte sich aber nach Osten. Dafür gibt es eine Erklärung: Je nach dem Anteil der Luftbläschen im Eis sind nur 10 bis 15 Prozent der Masse eines Eisbergs über der Wasseroberfläche. Das Entscheidende sehen wir nicht: 85 bis 90 Prozent der Masse befinden sich unter Wasser. Nur eine kleine Spitze ragt aus der Wasseroberfläche heraus. Die Unterwasserströmung hat den Eisberg „im Griff" und treibt ihn. Der Wind bewirkt nur eine minimale Abweichung von diesem Kurs, weil er nur einen kleinen Teil der Masse des Eisbergs erfasst.

Der Eisberg ist ein schönes Gleichnis für unsere Unternehmen. 10 Prozent sind die kleine Spitze – über dem Wasser für alle sichtbar an der Oberfläche: Diese 10 Prozent stehen für die Zahlen der Bilanz und der Ergebnisrechnung, für Gebäude und Produktionsanlagen, für das

Inventar, für Patente und Lizenzen, für Marken, Marktanteile und den Kundenstamm.

„Was bleibt denn dann noch übrig?", werden Sie vielleicht fragen. Das machen sich nur wenige klar: Die 90 Prozent unter Wasser stehen für das, was die Menschen, die in einem Unternehmen arbeiten, über ihr Unternehmen und ihre Vorgesetzten denken.

Wenn Sie das Ergebnis eines Unternehmens verbessern wollen, nützt es nichts, mit den Kosten, dem Umsatz oder der Fassade anzufangen. Finden Sie heraus, was die Mitarbeiter von „ihrem" Unternehmen und von ihren Vorgesetzten halten. Diese Gedanken und Gefühle bilden die härteste Realität im Unternehmen. Aus ihnen ergibt sich alles andere.

Alles was wir an der Oberfläche sehen, lässt sich mit anderen Gedanken der Beteiligten ändern. Wenn in dem Unternehmen aber das gefühlt und gedacht wird, was dort schon immer gefühlt und gedacht wurde, kann sich nichts ändern. Dann werden weiterhin die Zustände herrschen, die schon immer herrschten, und weiterhin die Ergebnisse erzielt, die schon immer erzielt wurden.

Die unsichtbaren Gefühle und Gedanken der Mitarbeiter sind gewichtiger als Immobilien und Anlagen, gewichtiger als Produkte und Prozesse – gewichtiger als alles, was wir sehen und zählen können. Immer und überall steuert das Unsichtbare das Sichtbare:

- Strömung treibt den Eisberg,
- Luft bewegt die Pneumatik,
- Öl schiebt die Hydraulik an,
- Elektronen produzieren Strom,
- Radiowellen übertragen Musik,
- Fernsehwellen senden Bilder,
- Software steuert die Hardware,
- Gedanken und Gefühle erschaffen Realität.

Wo ist oben? Da wo Sie gerade sind?

Ich lade Sie zu einer kleinen Übung ein: Bitte nehmen Sie dafür einen Schreibstift zur Hand. Ich stelle Ihnen jetzt ein paar sehr persönliche Fragen. Nehmen Sie sich die Zeit, die Sie brauchen, und schreiben Sie Ihre Antworten auf. Unterbrechen Sie bitte die Lektüre dieses Buches und lesen Sie erst weiter, wenn Sie Ihre Antworten notiert haben.

Natürlich können Sie sich selbst betrügen und einfach weiterlesen. Sollte Selbstbetrug Ihr Ziel sein, können Sie dieses Buch aber auch gleich beiseitelegen und in Ihrem Alltag fortfahren. Diese Lektüre ist dann Zeitverschwendung. Wenn Sie aber Ihre besonderen Talente leben wollen, wenn Sie sich von Ihrem Innersten beseelen lassen wollen, wenn Sie herausfinden wollen, was Ihr Weg ist, dann vervollständigen Sie bitte die folgenden Sätze:

1. Die drei größten Erfolgerlebnisse in meinem Leben sind ...

2. In meinem Leben geht es mir vor allem um ...

3. Die größte Begeisterung fühle ich, wenn ...

4. Ich wachse über mich selbst hinaus, wenn ...

5. Meine Talente und Stärken zeigen sich vor allem bei ...

6. Vollkommen vergessen kann ich mich bei ...

7. In meiner Umgebung fühle ich mich pudelwohl,
wenn die anderen ...

8. In einer Sache gehe ich vollkommen auf und vergesse mich,
wenn ...

9. Stolz auf Dinge, die ich getan habe, bin ich, wenn ...

10. Mein heutiges Leben ist vor allem ein Ergebnis von ...

Erst wenn Sie alle Sätze komplettiert haben, blättern Sie bitte um und
lesen Sie weiter.

Es gibt ein Geheimnis hinter diesen Sätzen. Es geht dabei um das, was das Leben für Sie lebenswert macht, um das, was Ihnen wirklich wichtig ist. Es ist Ihre Antwort auf eine Frage, die die Philosophen seit Jahrtausenden stellen: die Frage nach dem guten Leben.

Den 10. Satz hätte ich für Sie vervollständigen können, wenn Sie mir Ihre Freunde vorgestellt hätten. Wir alle bilden unseren Freundeskreis mit Leuten, die ähnliche Wertvorstellungen haben. Wenn Sie Fan einer Fußballmannschaft sind und zu jedem Spiel „Ihrer Mannschaft" gehen, werden Sie es kaum mit Freunden aushalten, denen Fußball gar nichts, die Segelregatta auf der Ostsee aber alles bedeutet. Wenn Sie engagiertes Mitglied einer politischen Partei sind, werden Sie es kaum mit Freunden aushalten, die politisches Engagement für Schwachsinn halten. Wenn Sie opernbegeistert sind, werden Sie es kaum mit Freunden aushalten, die für ein Rockkonzert quer durch Europa fahren.

Ich möchte dieses Phänomen etwas wissenschaftlicher umschreiben: Um Wertvorstellungen herum bilden sich Cluster von Gleichgesinnten. Um gleich ausgerichtete Werte baut sich ein Resonanzfeld auf, das ausstrahlt und anzieht wie ein Magnet. Ähnliche Vorstellungen von dem, was ein gutes Leben ist, schaffen Verbindungen und Beziehungen.

Bis vor einem halben Jahrhundert gab es bei der Lebensgestaltung kaum Alternativen. Alles verlief in vorgezeichneten Bahnen. Die Menschen konnten sich kaum aussuchen, wie sie ihre Freizeit verbringen wollten. Sie konnten kaum wählen, was sie kaufen wollten. Vielen war sogar die Berufswahl vorgegeben. Der Staat, die Kirche und die Gesellschaft boten Orientierung. Sie gaben vor, was richtig und was angemessen war, was man zu tun und zu lassen hatte. An diese vorgezeichneten Verhältnisse hatte man sich anzupassen.

Heute haben Sie Alternativen. Sie entscheiden, was Sie für richtig halten und wie Sie leben wollen. Staat, Kirche und Schulen haben an Einfluss eingebüßt. Sie sind emanzipiert. Sie sind frei. Sie gestalten Ihr Leben selbst. Im Fachjargon heißt das: Sie leben in einer Multi-

Optionsgesellschaft. Im Rahmen der Gesetze können Sie tun und lassen, was Ihnen gefällt.

Warum tun Sie überhaupt, was Sie tun?

Was Sie gern tun oder lassen, verbindet Sie mit anderen Menschen. Es verbindet Sie zudem mit Vereinen und Interessengemeinschaften, mit Parteien und Aktionsbündnissen, mit Firmen und ihren Marken, mit Städten und Regionen. Ähnliche Werte schaffen ein gemeinsames Fundament, auf das Sie bauen können. Die Verbindungen durch Werte entstehen nicht mehr entlang sozialer Milieus. Oft sind es nur lose Netzwerke, zum Beispiel in den sozialen Medien. Aber sie sind wirksam.

Es gibt Orte oder Regionen, Kultur- und Sprachzonen, in denen eine bestimmte Art des Umgangs miteinander üblich ist. Eine solche Kultur schafft das Klima, in dem bestimmte Werte gedeihen und andere verkümmern. Die vergangenen Erfahrungen eines Menschen prägen Verhaltensweisen aus, die dann eine Zukunft anziehen, die dazu passt.

Wenn Sie Bergsteiger sind, werden Sie in der Nähe der Berge eher Gleichgesinnte treffen. Wenn Sie Hochseesegler sind, eher in Meeresnähe. Wenn Sie gegen die Ungerechtigkeiten in der Welt demonstrieren, werden Sie keiner Partei beitreten, die den Zustand der Welt als gottgegeben ansieht. Wenn Sie ein Naturbursche sind, halten Sie es nicht lange in einer Hochhauswohnung aus. Wenn Sie kein Teetrinker sind, werden Sie in England nie dazugehören. Wenn Sie keinen Käse mögen, in Frankreich nicht. Wenn Sie Bier verabscheuen, in Bayern nicht. Wenn Sie auf saftigen Rindersteaks stehen, halten Sie es in Indien nicht lange aus. Wenn Sie Vegetarier sind, finden Sie in Argentinien kaum einen zweiten.

Niemand schreibt Ihnen vor, was Sie tun oder lassen sollen, wo und mit wem Sie sich zusammentun. Weil es kaum Vorgaben gibt, nach denen Sie sich zu richten haben, entscheiden Sie selbst. Sie entscheiden so, wie Sie es für richtig halten. Das ist eine große Freiheit. Die Freiheit der Wahl ist ein wunderbarer Luxus – sie ist eine Lust.

Die Freiheit der Wahl ist aber auch eine Last – eine Qual. Sie müssen entscheiden. Wenn Sie gewählt und entschieden haben, sind Sie für die Folgen Ihrer Entscheidung auch noch verantwortlich. Dabei haben Sie keine Orientierung: Woher sollen Sie die Maßstäbe nehmen? Wonach sollen Sie sich richten? Dem Staat trauen Sie nicht mehr, der Kirche glauben Sie nicht mehr alles, die Wissenschaft verstehen Sie nur zum Teil, und in der Gesellschaft geht alles durcheinander. Woher sollen Sie wissen, was Sie wirklich wollen?

Jeder tut, was er will und was ihm gefällt. Gibt es eigentlich noch ein RICHTIG und ein FALSCH? Warum tun wir überhaupt das, was wir tun? Die zentralen Fragen Immanuel Kants beschäftigen irgendwie alle Menschen – auch solche, die nun wirklich keine Philosophen sind:

■ Was kann ich wissen?

■ Was soll ich tun?

■ Was darf ich hoffen?

■ Was ist der Mensch?

Diese Fragen gehen tief. Es gibt darauf keine abschließenden Antworten. Die Antworten ändern sich im Laufe der Zeit. Wenn diese Fragen plötzlich anders beantwortet werden, verunsichert und verwirrt das viele Menschen. Gewissheiten sind schwerer zu zertrümmern als Atome. Viele Menschen erleben Umstände, die sich ändern, als innere Verletzung. Solche Phasen der Verwirrung sind aber zugleich Stufen, die zu einer neuen Ordnung auf einer höheren Ebene führen. Unsere Verwirrung zeigt, dass wir gerade mitten in einem aufregenden Entwicklungsprozess stecken.

Welcher Tag ist der wichtigste in Ihrem Leben?
Sie ahnen es nicht!

Vieles spricht dafür, dass am Ende dieses Prozesses eine neue Klarheit steht: Klarheit über das, worum es in unserem Leben geht. Im Leben jedes Menschen – auch in Ihrem Leben – gibt es drei bedeutende Tage:

- Der erste bedeutende Tag in Ihrem Leben ist der, an dem Sie geboren wurden. Er steht in Ihrem Ausweis. Vielleicht feiern Sie ihn jedes Jahr. Ohne diesen Tag gäbe es für Sie schließlich gar nichts zu feiern.

- Der zweite bedeutende Tag in Ihrem Leben ist der Tag, an dem Sie sterben. Er steht auf Ihrem Grabstein. Die Religionen sagen uns, dass das, was danach kommt und was viele „Himmel" und andere „Nirvana" oder „Jenseits" nennen, noch schöner ist als auf der Erde. Wir können also in Vorfreude schwelgen.

- Und was ist der dritte bedeutende Tag in Ihrem Leben? Nein, der Tag Ihrer bestandenen Abschlussprüfung ist es nicht. Ihr Hochzeitstag ist es auch nicht und auch nicht der Tag Ihrer Goldenen Hochzeit. Der dritte bedeutende Tag in Ihrem Leben ist der, an dem Sie erkennen, warum Sie überhaupt auf der Welt sind.

Haben Sie den Tag dieser Erkenntnis schon hinter sich? Wenn ja, beglückwünsche und bewundere ich Sie. Ich empfehle Ihnen, trotzdem weiterzulesen. Wir werden Ihre Erkenntnis sehr praktisch gemeinsam auswerten. Wenn nein, wird es jetzt richtig spannend für Sie. Freuen Sie sich schon auf diesen dritten bedeutenden Tag in Ihrem Leben.

Bitte denken Sie zunächst in Ruhe über die Sätze nach, die Sie auf den Seiten 54 und 55 vervollständigt haben. Denken Sie darüber nach, was Sie da über sich gesagt haben. Schauen Sie in den Spiegel, den Ihre Antworten Ihnen vorhalten. Andreas Giger hat in seinem Buch „Wege aus der Sättigungsfalle" Werte analysiert, die die meisten

Menschen heute für sich annehmen. Schauen Sie, welche dieser Werte sich in Ihren Antworten zeigen. Welche der folgenden Werte erkennen Sie in Ihrem Spiegel?

Sie können mit Bleistift eine 0 bei den Begriffen eintragen, die für Sie bedeutungslos sind. Begriffe, die „den Nagel auf den Kopf treffen" und wiedergeben, worum es Ihnen augenblicklich in Ihrem Leben geht, können Sie mit einer 5 markieren. Oder Sie wählen einen Wert zwischen 1 und 4:

4	Selbstbestimmung	5	Soziale Verantwortung
5	Reife	5	Zufriedenheit
5	Freundschaft	4	Wahrheit
4	Selbstbewusstsein	5	Selbsterkenntnis
5	Gerechtigkeit	5	Lebensfreude
2	Sicherheit	3	Weisheit
3	Bewusstseinserweiterung	4	Eigenverantwortung
0	Einfachheit	5	Liebe
2	Schönheit	3	Gelassenheit
5	Gesundheit	5	Ausgeglichenheit
5	Lebenssinn	4	Individualismus
4	Klarheit	2	Moral

4	Wohlbefinden	4	Ehrlichkeit
5	Freiheit	4	Verständnis
5	Optimismus	3	Leichtigkeit
5	Selbstverwirklichung	4	Wissen
4	Echtheit	3	Spontaneität
3	Ethik	4	Kreativität
2	Souveränität	4	Mut
4	Spiritualität	0	Vaterlandsliebe
4	Mitgefühl	2	Wohlstand
5	Qualitätsbewusstsein	2	Erotik
3	Toleranz	1	Intelligenz
4	Fairness	3	Entspannung
4	Vertrauen	3	Bildung
5	Zuverlässigkeit	3	Rechtes Maß
2	Glück	4	Innovation
4	Entwicklung	2	Konsum
1	Geld	2	Ruhe

Wie andere in Ihren Spiegel schauen können

Jetzt werden Sie denken, dass es mit der Unterhaltung zwischen uns schwierig wird, weil ich nicht wissen kann, was Sie eingetragen haben. Meinen Sie, dass ich deshalb gar nicht weiter auf Sie eingehen kann? Das stimmt schon. Aber es stimmt nur ein bisschen.

Am Abend einer spannenden politischen Wahl haben Sie bestimmt schon einmal vor dem Fernseher gesessen. Wenige Minuten, nachdem die Wahllokale schließen, wird die erste Hochrechnung gezeigt. Die Ergebnisse der Auszählung liegen erst viel später vor. Trotzdem sind die Vorhersagen erstaunlich dicht an den Ergebnissen. Meinungsforscher können solche Rechnungen anstellen, obwohl sie nur einen verschwindend kleinen Anteil der Wähler befragt haben. Als Individuen sind wir einmalig, in der Masse aber durchaus berechenbar.

Das Marktforschungsinstitut SensoNet fand heraus, welche Werte für die meisten Menschen heute gelten. Schauen Sie diejenigen Werte noch einmal an, die Sie mit 3, 4 oder 5 markiert haben. Bitte schreiben Sie diese Begriffe jetzt auf ein getrenntes Blatt Papier und überlegen Sie, ob Ihnen dafür ein Oberbegriff einfällt – eine Überschrift, die alle zusammenfasst.

Die Marktforscher haben einen Oberbegriff vorgeschlagen. Ich möchte fast wetten, dass dieser Begriff auch das abdeckt, was jetzt auf Ihrem Blatt steht. Vielleicht fasst dieser Begriff das, was Sie meinen, sogar besser in einem Wort zusammen: Lebensqualität.

Die Fachleute bezeichnen diesen Hit als neuen Leitwert, der unterschiedliche Werte bündelt, die den meisten Menschen heute wichtig sind. Was Lebensqualität bedeutet, ist also nicht einbetoniert. Es steht nicht endgültig fest. Die Bedeutung ändert sich im Laufe der Zeit. Das nennen wir dann Wertewandel. Perfektion ist dabei nicht erreichbar. Gerade weil Lebensqualität auf jedes „mehr" verzichtet, ist ein „besser" immer möglich.

Das ist wie in der Musik oder in der Kunst: Der Geschmack ändert sich. Aber immer wieder gibt es ein „noch schöner". Auch in der

Technik hat uns der Fortschritt in den letzten zweihundert Jahren den Atem verschlagen. Ein Ende ist nicht in Sicht. Auf mehreren technischen Gebieten werden gerade qualitative Durchbrüche vorbereitet, die die Welt gründlich durcheinanderrütteln werden. In der göttlichen Schöpfung ist ein Ende ebenfalls nicht absehbar. Wir können kein Ziel erkennen. Darin liegt die Faszination.

Großes Glück im kleinen Königreich

Die empirische Sozialforschung hat schon viele Aspekte des menschlichen Verhaltens messbar gemacht und daraus Empfehlungen abgeleitet – zum Beispiel für die Werbung, für die Beeinflussung der öffentlichen Meinung oder für das, was veraltete Führungsmethoden Motivation nennen. Jetzt wird sogar Glück gemessen.

In dem kleinen Himalaja-Königreich Bhutan und in den USA hat das „Streben nach Glück" sogar Verfassungsrang. Auf der Suche nach Glück versuchen die Menschen in zahlreichen Ländern der Erde, noch größere Reichtümer anzuhäufen und noch mehr zu konsumieren. Der Glückforscher Bruno S. Frey widerlegt diesen falschen Glauben in dem Buch „Glück: Die Sicht der Ökonomie":

Menschen, deren Grundbedürfnisse nicht abgedeckt sind, sind unglücklich. Sobald sie ein Dach über dem Kopf haben, sauberes Wasser trinken und sich satt essen können, vermehrt das ihr Glück. In den reichen Ländern gehören zum Glück meist auch noch eine beheizte Wohnung mit Bad, Kühlschrank und Fernseher. Wer das alles besitzt und dann immer mehr bekommt, bleibt auf seinem „Glückspegel" aber erst einmal stehen. Die Erfüllung weiterer Wünsche macht nicht glücklicher.

Ab einem bestimmten Glückspegel bewirkt ein Mehr sogar das Gegenteil: Besitz wird zu Ballast. Er belastet, begrenzt die Freiheit, ist mit Sorgen verbunden und vermindert die Lebensqualität. Die Werbung gaukelt uns vor, dass es uns glücklich macht, wenn wir dieses oder jenes kaufen.

Qualität kommt vom lateinischen „qualitas" und heißt Beschaffenheit, Eigenschaft, Zustand. Es geht nicht um die Quantität – die Menge. Wir erleben deshalb gerade, wie materielle Werte gegen immaterielle Werte eingetauscht werden: Lebensqualität ist den meisten Menschen wichtiger als ein größeres Auto, eine Ferienvilla am Urlaubsort oder eine Kreuzfahrt in der ersten Klasse.

Die „Gemeinwohl-Ökonomie" beschreibt eine Wirtschaftsordnung, die den Widerspruch zwischen Markt und Gesellschaft aufhebt und den Erfolg nicht mehr an Geld und Gewinn misst, sondern an dem, was wirklich zählt: Beziehungen zwischen Menschen, erfüllte Grundbedürfnisse für alle und ein gutes Leben.

Unser Bewusstsein zeigt nicht zum ersten Mal eine Besinnung auf das Wesentliche. Das Alte Testament berichtet, dass der Prophet Moses vor der zürnenden Gottheit warnt. Er bringt sein Volk vom Tanz um das Goldene Kalb ab – von der Anbetung des Materiellen – und weist ihm den rechten Weg.

Ein Leben voller Qualität für Sie sieht heute so aus: Ihr Leben hat einen Sinn. Sie können sich weiterentwickeln. Sie leben mit Ihrer Umgebung in Harmonie. Es gibt Menschen, denen Sie etwas bedeuten. Sie fühlen sich wohl. Menschen, mit denen Sie zu tun haben, suchen Sie danach aus, ob der Kontakt Ihre Lebensqualität erhöht. Sie gestalten Ihr Leben selbst. Sie tun das nach Ihren eigenen Vorstellungen. Sie nehmen nur dann Rücksicht auf Traditionen, Regeln oder Vorgaben der Kirche, wenn Sie diese als Maßstab für Ihr Leben annehmen. Diese Entscheidung treffen Sie frei und ohne Druck von außen. Die Verantwortung für Ihre Lebensqualität liegt bei Ihnen.

Wen ziehen Sie an? Wen stoßen Sie ab?

Wüsste ich, wo Sie arbeiten und was Sie dort tun, wüsste ich wer Sie sind. Wer in einem Krankenhaus arbeitet, ist anders als jemand, der auf einem Flughafen arbeitet. Ein Verwaltungsbeamter ist anders als ein Außendienstler. Ein Polizist ist anders als ein Wissenschaftler. Der

Mitarbeiter eines Weltkonzerns ist anders als ein Mitarbeiter in einem kleinen Handwerksbetrieb. Und wenn Sie noch nicht anders sind, dann werden Sie es, sobald diese Tätigkeit lange genug Ihr Arbeitsleben ausgefüllt hat.

Um die Werte und Mentalitäten eines Berufsstandes und eines Unternehmens baut sich ein Resonanzfeld auf. Dieses Feld stößt diejenigen ab, die nicht hineinpassen. Wenn jemand unbedingt dazugehören will, muss er sich anpassen. Er muss sich ähnlich kleiden, ähnlich aus der Wäsche schauen, einen ähnlichen Gang annehmen – ähnlich denken.

Gleichartige Wertvorstellungen machen eine vernünftige Zusammenarbeit überhaupt erst möglich. Gleichartige Wertvorstellungen sind auch der Magnet, der Kunden anzieht – oder eben abstößt. Da werden riesige Budgets für Werbung eingesetzt, aber kaufen Sie nicht auch vor allem das, was Ihnen jemand empfiehlt, dem Sie vertrauen? Und worauf gründen Sie Ihr Vertrauen? Vielleicht auf den gleichen Geschmack, den gleichen Prinzipien oder den gleichen Kaufgewohnheiten – den gleichen Werten?

Die bewusste Ausrichtung eines solchen Resonanzfeldes widerspricht der inneren Logik vieler Unternehmen. Mit zunehmender Größe und Komplexität wächst die Gefahr, dass ein Unternehmen über diese neue Hürde stolpert. Vielleicht braucht es dazu ganz neue Köpfe und ganz neue Organisationsformen – weit weg von den bisherigen Denkschablonen.

Kontrolle macht Angst und Angst erzeugt Fehler

Produktqualität wird mit gewaltigem Aufwand schriftlich dokumentiert und kontrolliert. Das nährt die Angst vor Fehlern und das Misstrauen in das eigene Können. Ein solches Vorgehen will lückenlose Sicherheit garantieren und die Austauschbarkeit von Menschen erreichen. Was es aber letztendlich bewirkt, ist Handlungsunfähigkeit.

Wünsche sind geduldig. Meistens wissen wir schon, dass sie sich nicht erfüllen. Und trotzdem verschwenden wir unsere Zeit damit. Es ist wie mit einer Moralpredigt: Werte lassen sich nicht predigen. Sie müssen vorgelebt werden. Nur das, was wirklich gelebt wird, findet Nachahmer und erschafft die Zukunft.

Menschen, die Lebensqualität suchen, werden von Unternehmen abgestoßen, die ihnen Zeit rauben. Sie werden von Unternehmen abgestoßen, die sie nicht ernst nehmen, die ihre Augen oder ihren Verstand beleidigen. Sie werden von Unternehmen abgestoßen, die ihren Produkten Gebrauchsanleitungen beifügen, die kein Mensch versteht, und die Angebote unterbreiten, die niemand durchschaut.

Menschen, die Lebensqualität suchen, werden von Unternehmen angezogen, die ihnen das Leben erleichtern und verschönern, die ihr Wohlbefinden fördern, deren Angebote mit Freude oder Spaß verbunden sind. Diese Anziehungskraft auf Kunden geschieht nicht durch rigide Normen, sondern durch die Mitarbeiter des Unternehmens.

Bevor ein Unternehmen überhaupt in der Lage ist, Lebensqualität zu „verkaufen", muss es deshalb erst einmal dafür sorgen, seinen Mitarbeitern bei ihrer Arbeit Lebensqualität zu bieten. Das ist eine anspruchsvolle Aufgabe. Dieses noch immer verkannte Erfolgsgeheimnis wird in den kommenden Jahrzehnten zum Kern unternehmerischen Erfolgs: die Anerkennung der Natur des Menschen.

Alles, was wir schaffen oder erreichen, folgt den Gesetzen der Natur. Die Naturgesetze wirken auch dann unerbittlich, wenn wir sie nicht erkennen. Niemand kann sie außer Kraft setzen. Diese Gesetze bestimmen nicht, WAS geschaffen wird – das denken wir uns aus –, sondern WIE es geschaffen werden kann. Die Gesetze kennen kein Gut oder Böse, kein Positiv oder Negativ. In welchem Maße wir sie erkennen und beachten, hängt von uns ab. Das Wissen darum ist Macht. Weisheit eröffnet uns Zugang zu den Zusammenhängen hinter den Gesetzen der Natur. Weisheit ist Allmacht.

5.

EINE ÜBERFLÜSSIGE WAAGE: WORK-LIFE-BALANCE

D ie Work-Life-Balance (das Gleichgewicht zwischen der Arbeit und dem Leben) steht für die mentale und emotionale Ausgeglichenheit in der Arbeit wie im Leben. Begriffe prägen das Denken, und das Denken schafft Realität.

Welche Realität schafft der Begriff „Work-Life-Balance"? Zunächst einmal, dass Arbeit kein Leben ist. Wenn Arbeit Leben wäre, brauchte es kein Gleichgewicht. Arbeit sind die Tage oder Nächte am Arbeitsplatz. Leben findet davor, danach und im Urlaub statt. Die Balance zwischen Arbeit und Leben ist gegeben, wenn beides in einem ausgewogenen Verhältnis steht – wenn sich also die Waage nicht zur einen und auch nicht zur anderen Seite neigt. Wo diese Ausgewogenheit fehlt, kann das zweierlei bedeuten:

Zum einen ein Sich-zu-Tode-Langweilen ohne berufliche oder andere Aufgaben. Eine Unterforderung, weil es weder Anforderungen noch Herausforderungen gibt. Talente verkümmern, die eigenen Stärken werden nicht entwickelt. Es gibt keine Gelegenheit, sich für etwas zu begeistern, über sich selbst hinauszuwachsen. Es gibt keinen Grund, auf etwas Vollbrachtes stolz zu sein. Ein Werbespot pries das einmal so an: Er und sie dösen in einer Hängematte zwischen Palmen. Er fragt sie: „Was haben wir eigentlich heute?" Sie: „Welchen Tag?" Er: „Nein, welches Jahr." Und dann die Werbebotschaft: „Es ist schön, Millionär zu sein. Spielen Sie Lotto." Aber so schön ist es wohl nicht, wenn die Millionen nicht verdient sind. Thorwald Dethlefsen und Ruediger

Dahlke berichten in dem Buch „Krankheit als Weg", dass eine solche Leere im Leben zu niedrigem Blutdruck führt, zu Passivität und – bis in die Sexualität hinein – zu einer Art Lebensverweigerung.

Zum anderen – wenn die andere Seite der Waage unten ist – das Fehlen von Freizeit, Freiraum und Freiheit. Dafür steht ein weiteres Modewort: Burn-out (dt.: Ausgebranntsein). Der Psychoanalytiker Herbert Freudenberg prägte 1974 diesen Begriff, der einen psychischen und körperlichen Zusammenbruch durch Überlastung, Erschöpfung, Depression, Stress, Frustration, Angst und Blackouts (wo sich das Gehirn abschaltet) bezeichnet. Inzwischen werden etwa 10 Prozent aller Krankschreibungen mit Burn-out begründet. Ein Manager, der noch keinen Herzinfarkt wegen Burn-out gehabt hat, gilt fast schon als Minderleister.

Was, noch keinen Herzinfarkt?

Extreme Anspannung lässt den Blutdruck steigen. Der Sinn dieser Reaktion liegt darin, die Energie zu erhöhen, damit eine Aufgabe gelöst werden kann. Mit der Lösung ist das Mehr an Energie verbraucht, und der Blutdruck kann wieder auf den Normalwert sinken. Gelingt dies aber nicht oder kommen ständig neue Anforderungen hinzu, die ein Übermaß an Energie erfordern, lässt der Überdruck nicht nach. Er wird zum Indiz für gehemmte Aggression, die meist nicht durch Handlung entladen werden kann. Nach Dethlefsen und Dahlke führt die beherrschte Aggression geradlinig in den Herzinfarkt.

Wenn eine Vorstellung sich nicht umsetzt, führt die mobilisierte Energie zu Krankheitssymptomen. Krankheit zwingt den Betroffenen zu einem Verhalten, das er freiwillig meidet – sie macht ehrlich. Es gibt auch kollektive Symptome, die kollektive Probleme offenbaren. Burn-out als kollektives Symptom offenbart das Bedürfnis nach etwas, was nicht zu gelingen scheint: Der Begriff „Work-Life-Balance" fordert, eine Waage im Gleichgewicht zu halten. Das aber ist auf Dauer gar nicht möglich. Stellen Sie sich vor, Sie stehen mit jedem Ihrer beiden Beine auf einer Seite der Waage. Wenn Sie geschickt jonglieren, halten Sie das Gleichgewicht für ein paar Sekunden. Und diese Jonglierkunst soll die Voraussetzung für eine gute und erfolgreiche Lebensbewältigung sein? Ich kann mir das nicht vorstellen.

Die Weltgesundheitsorganisation führt das Ungleichgewicht bei Burn-out auf Probleme zurück, die „mit Schwierigkeiten bei der Lebensbewältigung" verbunden sind. Der Begriff Burn-out enthält aber schon den Hinweis auf seine Therapie: Wer ausgebrannt ist, muss einmal für etwas gebrannt haben – und leidenschaftlich bei der Sache gewesen sein.

Das Problem scheint die Waage selbst zu sein: Die Trennung zwischen der Arbeit und dem „eigentlichen" Leben – der Freizeit. Diese Polarität ist Teil unserer Identität. Die Physik versteht unter Polarität zwei gegenüberliegende Pole. Unsere Umgangssprache rankt sich um Gegensätze wie männlich/weiblich, stark/schwach, groß/klein, warm/kalt, hoch/tief, hell/dunkel, richtig/falsch, gut/schlecht, schön/hässlich, laut/leise, groß/klein, nah/fern, plus/minus, schwarz/weiß, hart/weich, Frieden/Krieg, Liebe/Hass, Himmel/Hölle. Sie alle bedingen sich gegenseitig. Die chinesische Philosophie drückt das mit Yin und Yang aus:

Die schwarze Fläche steht für das männliche Prinzip Yin, sie enthält aber auch das Weiß. Die weiße Fläche steht für das weibliche Prinzip Yang, sie enthält aber auch das Schwarz. Die Natur hält alles Leben in einer ineinander verflochtenen Dualität gefangen, aus der wir nicht entrinnen können. Irgendwie enthält alles auch sein Gegenteil. Die beiden Pole bedingen sich gegenseitig. Wir überwinden sie, wenn wir in unsere Mitte gelangen. So werden wir ganz – vollständig.

Auf unser Thema übertragen: Arbeit und Leben bedingen sich gegenseitig. Das eine ist in dem anderen enthalten. Es gibt keine Waage, und was es nicht gibt, das kann auch nicht ausgeglichen sein. Der Fehler muss irgendwo anders liegen. Kommen Sie mit, um ihn aufzuspüren?

Leere Kirchen, volle Bordelle

Der Philosoph und Publizist Christoph Quarch zeigt in seinem Buch „Hin und weg. Verliebe dich ins Leben", dass leere Kirchen und volle Bordelle Symptome der gleichen Krankheit sind: Die Religion hat den Eros – die Erotik – über Bord geworfen, und der Eros hat die Liebe über Bord geworfen. Die antiken Griechen bezeichneten die bedingungslose Liebe – das erste große Geheimnis der Schöpfung – als „Agape". Die sinnliche Liebe – das zweite große Geheimnis der Schöpfung – nannten sie „Eros". Beide Seiten der Liebesenergie erweitern unser Bewusstsein.

Wenn wir „unsterblich verliebt" sind, bleibt die Zeit stehen, und wir haben eine Ahnung von der Ewigkeit. Ekstase, der Höhepunkt des religiösen Lusterlebens, bedeutet im Altgriechischen ein „Heraustreten der Seele aus dem Körper", eine Verzückung; Orgasmus, der Höhepunkt des sexuellen Lusterlebens, „glühendes Verlangen nach Vereinigung". In diesen veränderten Bewusstseinszuständen ist Gott in uns.

Alles Leben ist so geschaffen, dass es solche Ausnahmezustände des Bewusstseins sucht, um sich in die Ewigkeit fortzusetzen – in eine Ewigkeit hinein, in der es so etwas wie Zeit nicht gibt. Das glühende

Verlangen nach Vereinigung ist nichts anderes als die Überwindung der Polarität. Das Wort „Religion" leitet sich aus dem lateinischen „religere" ab: sich wieder verbinden – mit Gott. Wer durch diese Verbindung die Polarität überwunden hat, ist eins mit der Schöpfung. Vielleicht ist dies das Ziel des Lebens und der Sinn unserer irdischen Erfahrung.

Unsere Erbinformation ist in der Desoxyribonukleinsäure (DNS) – auf Englisch deoxyribonucleic acid (DNA) – enthalten. Der Biologe John Craig Venter entschlüsselte die DNA. Viele meinen, damit habe er uns das Geheimnis des Lebens offenbart. Aber das hat er nicht. Eine Tabelle mit der Häufigkeitsverteilung der in diesem Buch enthaltenen Buchstaben sagt über den Inhalt des Buches ebenso viel aus wie die entschlüsselte Erbinformation über das Leben. Sie können daraus vielleicht einige Aussagen ableiten, aber nicht die Botschaft des Buches. Der Frage nach dem Geheimnis des Lebens nähern wir uns auf diesem Wege nicht.

Lebetiere und Arbeitsmenschen

Wenn es die Waage einer Work-Life-Balance gäbe, könnten wir auf ihr hin und her balancieren. Mal könnten wir dem Leben den Vortritt lassen, weil es heilig ist. Mal könnten wir der Arbeit den Vortritt lassen, weil wir sie für unsere Entwicklung brauchen und ohne sie nicht gut leben.

Stellen Sie sich bitte einen Spielplatz vor. Eine Wippe auf dem Spielplatz symbolisiert die Waage unseres Lebens. Auf der einen Seite der Wippe sitzt der Lebemensch, den Sie in sich haben. Auf der anderen Seite sitzt das Arbeitstier, das Sie auch in sich haben. Ich erschrecke gerade beim Schreiben: Unsere Sprache verbindet Leben mit Mensch, obwohl viele Tiere auf ihre Art intensiver leben als der Mensch. Und sie verbindet Arbeit mit Tier, obwohl viele Menschen härter arbeiten als die meisten Tiere.

Diese beiden Seiten Ihrer Lebenswaage wippen nun hin und her. Von oben schaut Ihr höheres Selbst zu. Es gehört ebenfalls zu Ihnen, steht über den Niederungen des Alltags und filmt das Spiel. Jede Seite Ihrer Lebenswaage geht immer wieder auf und nieder. Wenn die eine oben ist, ist die andere unten und umgekehrt:

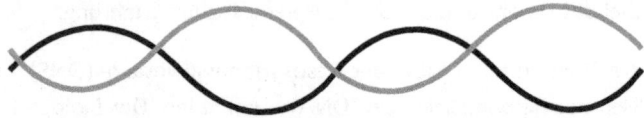

Wenn wir das Beispiel von Christoph Quarch nehmen, kann die eine Kurve die Gottesdienstbesucher der Kirchen repräsentieren und die andere die Bordellbesucher. Sind die Kirchen voll, sind die Bordelle leer und umgekehrt. Wir können auch Ihre Work-Life-Balance nehmen: Die eine Kurve steht für genussvolle Freizeit, die andere für Ihren mühsamen Einsatz bei der Arbeit. Wenn Sie ein gutes Leben haben, dann am besten ohne Arbeit. Und wenn Sie viel arbeiten, dann ist das eigentlich kein Leben.

Viele Menschen glauben, dass die Welt nach solch einem „und immer wieder auf und nieder" funktioniert. Konjunkturforscher zum Beispiel bilden mit solchen Kurven das stetige Auf und Ab der Wirtschaft ab. Unsere Darstellungen formen dann unser Denken. So entstehen dann Theorien über Konjunkturzyklen. Manchmal schafft es die Realität sogar, falsche Theorien abzubilden. Im Universum beobachten wir aber keine Wellenbewegungen, sondern stattdessen Kreisströmungen, auch Vortex oder Wirbel genannt.

Wenn Sie die Wetternachrichten im Fernsehen anschauen, sehen Sie spiralförmige Großwetterwirbel. Die Strömungen der Luft von einem Hochdruckgebiet zu einem Tiefdruckgebiet verlaufen immer wirbelförmig, niemals direkt. Der Physiker Albert Einstein beschäftigte sich in seinem Aufsatz über „Die Ursachen der Mäanderbildung der Flussläufe" mit der Frage, warum die Flüsse nicht direkt in Richtung des größten Gefälles fließen, sondern immer in Schlangenlinien.

Werfen Sie ein Zuckerstück in eine Teetasse oder einen Stein in einen Teich. Sie können beobachten, wie beide spiralförmig nach unten sinken. An der Oberfläche wird eine Welle sichtbar. Das Herabsinken des Gegenstands hebt das Wasser spiralförmig. Die Drehdynamik der Raumgeometrie bringt den Wirbel hervor. Auf einem zweidimensionalen Papier bleibt diese Dynamik unsichtbar.

Nichts im Universum bewegt sich linear oder auch in einem steten Auf und Ab weiter. Alles in der Schöpfung dreht sich: Elektronen, Elementarteilchen, Atome, Planeten und Galaxien, die aus der Ferne ähnlich wie ein Wasserwirbel aussehen. Warum das so ist, hat die Physik bisher nicht klären können. Stattdessen sagt sie uns, dass das Universum wie ein großer Luftballon ist, auf dessen Oberfläche die Galaxien haften.

Dieses Universum oder Weltall soll einen Durchmesser von 78 Milliarden Lichtjahren haben und sich ständig noch weiter ausdehnen. Sollte das stimmen, müsste das Lungenvolumen desjenigen, der es aufbläst, immer kleiner werden. Vielleicht aber geben die Lichtjahre gar keinen Sinn. Vielleicht interpretieren wir unterschiedliche Energieebenen einfach nur falsch. Ebenso wie wir den „Organismus" Unternehmen falsch interpretieren.

Welche Uniform tragen Sie?

Der klassische Physiker Isaac Newton (1643 –1727) sah das Universum als ein gigantisches Uhrwerk. Damit bereitete er der industriellen Revolution im 19. und 20. Jahrhundert geistig den Boden. Auch die Unternehmen werden dementsprechend wie große Maschinen organisiert. Die Menschen, die dort arbeiten, müssen funktionieren und möglichst auch austauschbar sein. Die Räder dieser gut geölten Maschinen wurden durch die Kästchen der Organisationspläne ersetzt. Die Kästchen definieren die „Rolle", die diejenigen spielen müssen, deren Name dort steht. Jeder muss auf dem Weg zur Arbeit in seine Rolle schlüpfen.

Das ist das Prinzip der Waage: auf der einen Seite der Mensch im Leben – der lebendige Mensch; auf der anderen Seite die Rolle, die jemand während der Arbeit spielt. Denken Sie an einen Schauspieler, der eine Rolle in einem Film oder in einem Theaterstück spielt. Manchmal verkörpert er die Rolle lebendig. Aber auch dann ist es Theater und nicht das wirkliche Leben. Wer seine Rolle gut spielt, identifiziert sich mit ihr – und wird mit ihr identisch. Damit ihm das gelingt, gibt er sich selbst für die Zeit dieses Spiels auf.

Am 16. Oktober 1906 schlüpfte der Schuhmacher Friedrich Wilhelm Voigt (1849–1922) mit Hilfe einer Uniform in die Rolle eines Hauptmanns. In dieser Rolle konnte er Soldaten befehlen, das Rathaus von Köpenick zu überfallen, den Bürgermeister zu verhaften und die Stadtkasse zu rauben. Carl Zuckmayer (1896–1977) verarbeitete die Episode in dem Drama „Der Hauptmann von Köpenick" literarisch.

Es gibt Staatspräsidenten, die selbst dann den Respekt vor dem Amt einfordern – vor der Rolle, die sie spielen –, wenn die Bürger vor dem Menschen, der das Amt innehat, keinen solchen Respekt haben. Es gibt hohe Politiker und Führungskräfte, die mehrere Rollen gleichzeitig spielen: zum Beispiel die eines Regierungschefs und die eines Parteivorsitzenden; oder die eines Vorstands in einem Unternehmen und eines Aufsichtsrats in einem anderen.

Im Theater erkennen wir die Rolle, die der Schauspieler spielt, an seiner Verkleidung. Vielleicht sollten wir für die Doppelrollen in unseren Staatswesen und in der Wirtschaft auch jeweils passende Uniformen erfinden, damit wir sehen können, was gerade gespielt wird.

Die Spaltung der Person in den Menschen und in die Rolle erfordert es, die Rolle gut auszufüllen. Die Person ist dann der Mensch, der eine Maske aufhat. Im antiken griechischen Theater trugen die Schauspieler Masken, die ihre Rolle offenbarten. Daraus entstand eine „Person" – jemand, der „per sona" (durch den Ton bzw. durch das, was er sagt) auf der beruflichen Bühne agiert. Das wahre Gesicht ist hinter der Maske nicht zu sehen.

Wer hinter der Rolle steckt, wird kaum gefragt, solange er in seiner Rolle die Erwartungen erfüllt. Wer seine Rolle sehr individuell interpretiert – zu unabhängig von dem, was Organisationspläne und Stellenbeschreibungen vorgeben –, wird oft durch einen stromlinienförmigen Rollenspieler ersetzt. Der Mensch darf in seine Rolle hineinwachsen, aber nicht über sie hinauswachsen.

In der betrieblichen Terminologie setzte sich der Begriff „Rolle", für das Spiel, das jemand auf seinem Arbeitsplatz – seiner Stelle – spielen muss, nicht durch. Wohl deshalb, weil niemand ein Unternehmen als „Abenteuerspielplatz für Erwachsene" definiert – von Rudolf Mann abgesehen, der das in dem Buch „Das ganzheitliche Unternehmen" getan hat. Stattdessen werden die Menschen im Betrieb als „Ressource" bezeichnet.

Das französische Wort „la ressource" bezeichnet ein Mittel zum Zweck. Das können Finanzmittel, Betriebsmittel, Grundstücke, Rohstoffe oder Energie sein. Die Zuteilung (Allokation) dieser Mittel zu den verschiedenen Zwecken in der Entwicklung, der Produktion oder dem Vertrieb wird „Ressourcenallokation" genannt.

Außerdem gibt es auch noch den Unternehmensbereich „Human Ressources" – menschliche Mittel zum Zweck. „Menschen-Input" können wir auch dazu sagen. Rinder, Schweine, Lämmer oder Geflügel dienen dem Zweck der Fleischproduktion. Menschen dienen dem Zweck der Produktion anderer Produkte.

„Human Ressources" können wir mit „Humankapital" übersetzen. Das ist kein Etikett, das etwas bezeichnet, das es schon gibt. Sprache ist immer ein Schöpfungsprozess. Der Begriff erschafft das, was er aussagt. Er prägt und gestaltet die reale Wirklichkeit nach sich selbst, gibt ihr eine Form und richtet sie aus.

Karl Marx (1818–1883) beschreibt das im ersten Band seines Werkes „Das Kapital" brillant: „Die Arbeit ist dem Arbeiter äußerlich, das heißt, sie gehört nicht zu seinem Wesen. Er bejaht sich nicht, sondern verneint sich in seiner Arbeit, er fühlt sich nicht wohl, sondern unglücklich, er entwickelt keine freie physische und geistige Energie, sondern kasteit seine Physis und ruiniert seinen Geist.

Der Arbeiter fühlt sich daher erst außer der Arbeit bei sich und in der Arbeit außer sich. Zu Hause ist es, wenn er nicht arbeitet, und wenn er arbeitet, ist er nicht zu Haus. Seine Arbeit ist nicht die Befriedigung eines Bedürfnisses, sondern sie ist ein Mittel, um die Bedürfnisse außer ihr zu befriedigen."

An diesem Zustand hat sich für die meisten Menschen seit 150 Jahren nichts Wesentliches geändert. Das hat nichts mit dem System zu tun, auf das Marx seine Analyse bezieht. In den kommunistischen und sozialistischen Staaten ist es auch so gewesen. Es hat mit den Prinzipien zu tun, nach denen unsere Unternehmen organisiert und geführt werden:

Organisatoren bilden die Stellen aus Sach- und Prozesszwängen heraus so, dass die Arbeitsabläufe optimal funktionieren. In Zusammenarbeit mit den Fachabteilungen gliedern sie die Stellen so auf, dass sie der Logik der zu bewältigenden Aufgaben folgen und definieren die Anforderungen präzise. Die Personalabteilung sucht dann Mitarbeiter, die in das Anforderungsprofil „passen". Wer nicht recht passt, muss sich anpassen. Ein Maßanzug wird an seinen Träger angepasst. Ein Mitarbeiter wird an die Stelle angepasst, die man mit ihm besetzt. Mit Druck wird so viel wie möglich aus ihm herausgeholt. Und wenn das nicht mehr geht, wird er entsorgt.

Mitarbeiter können nicht das tun, was sie von sich selbst erwarten. Sie müssen das tun, was andere von ihnen erwarten: für Gewinn arbeiten. Das Humankapital wird ausgebeutet wie eine Ölquelle. Eine Ölquelle sprudelt bis sie versiegt. Danach kann sie versanden. Versandete Mitarbeiter ernten nichts, wofür es sich lohnt zu leben. Irgendwann steht dann auf ihren Grabsteinen: „Sie waren hier und sind gegangen."

Die Hütte am Waldesrand

Bei Wasserquellen ist das anders, sie sind auch Quellen von Leben. Weil sie nie versiegen, werden sie sauber eingefasst, gehegt und gepflegt. Auch die Energie von Menschen braucht nicht zu versiegen. Bis zum letzten Tag ihres Lebens können sie sprudeln und eine Quelle sein für Ideen und Erkenntnisse, für Weisheit und Einsichten, für Erfindungen und Verbesserungen, für Kreativität und Lösungen – und für Liebe.

Fritz Dehn ist Schuhmacher in dem Dorf, in dem ich groß geworden bin. Sein Alter kennen wir nicht. Er war schon immer da. Seine Werkstatt ist eine Holzhütte am Waldesrand, und wer von ihm bedient werden will, muss sich bei ihm bewerben. Die Bewerbung besteht in etwa einer viertel bis halben Stunde, die ein Kunde in seiner Hütte warten und ihm bei der Arbeit zuschauen muss. Diese Zeit will er genießen.

Sein Genuss ist das anregende Gespräch mit dem Bewerber. Entweder will er Informationen haben, die für ihn neu sind. Das gelingt kaum jemandem. Er weiß über alles im Dorf Bescheid, ist kenntnisreich und umfassend gebildet. Oder er will einen Dialog über ein kontroverses Thema führen. Solche Gespräche auf philosophischem Niveau sind für ihn ein Lusterlebnis, das er genießt. Ein Kunde, der ihm das bieten kann, ist akzeptiert und bekommt jederzeit alles, was Dehn geben kann.

Wer ihm diesen Genuss nicht bieten kann, wird wieder weggeschickt: „Für Langweiler arbeite ich nicht, mit ihnen vergeude ich keine Zeit", sagt er dann und empfiehlt seinen Kollegen im Nachbardorf, der jeden als Kunden annimmt. Dehn arbeitet ruhig von früh bis spät und geht in dieser Arbeit auf. Manchmal sitzt seine Frau bei ihm in der Hütte. Die beiden reden miteinander, während er arbeitet. Wenn ich zu ihm komme und gerade niemand bei ihm ist, höre ich ihn singen. Und wenn die Sonne ihn nach draußen lockt, hängt ein Schild an der Tür: „Heute ist es zu schön für die Hütte. Ich wandere im Wald."

Für Fritz Dehn gibt es keinen Unterschied zwischen Arbeitszeit und Freizeit. Er liebt und genießt seine Arbeit, sie ist sein Lebensinhalt. Zu den Schuhen gehören aber auch deren Träger. Er fertigt oder repariert Schuhe nicht für Füße, sondern für Menschen, die von den Gesprächen mit ihm fasziniert sind und ihm mehr als Geld für seine Arbeit geben.

Arbeit (work) und Leben (life) sind bei ihm nicht in einer Balance, sie sind identisch. Sein Leben ist eine Einheit, er hat die Polarität zwischen Arbeitszeit und Freizeit überwunden. Der Prozess seiner eigenen Entwicklung ist der Prozess immer höherer Anforderungen, die er an seine Kunden stellt. Sie müssen mit seiner Entwicklung Schritt halten – ihn nicht nur materiell, sondern auch geistig unterhalten.

Vielleicht wenden Sie jetzt ein, dass das vor vielen Jahrzehnten bei einem Dorfschuster funktioniert haben mag, dass es aber diese Werkstätte am Waldesrand nicht mehr gibt. Wir kaufen unsere Schuhe in großen Läden, die fast alle zu einer Kette gehören. Sind die Schuhe kaputt, lassen wir sie in einer Schuhbar in der Eingangszone eines Supermarkts reparieren. Oder wir werfen sie gleich weg, weil die Reparatur nicht lohnt.

Selbst die Reparaturstellen gehören meistens zu einer Kette, die betriebswirtschaftlich, mit rationellen Abläufen und wettbewerbsfähigen Preisen geführt wird. Zeit für Schwätzchen gibt es nicht. Zeit ist ein Kostenfaktor, und Kosten werden wegrationalisiert. Die Mitarbeiter sind Humankapital, das durch Sachkapital ersetzt wird, wo immer es möglich ist. Die Arbeitsabläufe sind weitgehend automatisiert. Wenn die Konjunktur anzieht, werden die Kapazitäten hochgefahren, flaut die Konjunktur ab, werden die Kapazitäten heruntergefahren. Kosten werden abgebaut, Investitionen verschoben, Forschung und Entwicklung reduziert, Personal wird freigesetzt.

Bis in die Mitte des 20. Jahrhunderts bildeten Arbeit und Leben auch in der Landwirtschaft eine Einheit. Man arbeitete auf dem Hof und lebte dort auch. Die Natur forderte zum Beispiel zur Erntezeit eine höhere Intensität der Arbeit. Ist es Zufall, dass auch die Feste in der Erntezeit die intensivsten und schönsten waren?

Es gibt auch heutzutage Beispiele einer solchen „Werkstätte am Waldesrand", eines habe ich Ihnen bereits vorgestellt. Viele Musiker und Künstler, Schriftsteller und Forscher, Bastler und Erfinder, Selbständige und Unternehmer kennen noch heute die Einheit von Arbeit und Leben. Ihre ungelösten Aufgaben nehmen sie mit in den Schlaf. Ihre Kollegen und Mitarbeiter sind ihre besten Freunde. Mit ihnen reden und träumen sie. Es ist ein Leben aus der Fülle eines Schöpfungsprozesses, der einen gemeinsamen Geist in dieser Gemeinschaft zur Wirklichkeit verdichtet.

Wo es die Waage mit Arbeit auf der einen und Leben auf der anderen Seite nicht gibt, ist Arbeit Leben. Und das Leben ist erfüllende Arbeit. Fritz Dehn lebt und arbeitet so voller Freude. Wollen Sie ganz praktisch wissen, wie Sie als Unternehmer oder als Mitarbeiter dazu beitragen können, einen solchen Zustand zu erschaffen? Es ist tatsächlich sehr einfach. Weiterlesen führt Sie schon zu diesem Ziel.

6.

UNSERE TIEFSTE SEHNSUCHT

In dem Buch „The Lost Crusade" (dt.: Der verlorene Kreuzzug) berichtet der US-Geheimdienstveteran Chester Cooper (1917 bis 2005) von einer bemerkenswerten Begebenheit. Hier meine Übersetzung:

„Nachdem alles besprochen ist, will der Präsident seine Entscheidung verkünden und noch jeden im Raum befragen – die Kabinettsmitglieder und ihre Assistenten, Mitarbeiter im Weißen Haus und Mitglieder des Nationalen Sicherheitsrats:

- ‚Herr Außenminister, stimmen Sie der Entscheidung zu?'
- ‚Ja Herr Präsident, ich stimme zu.'
- ‚Herr X, sind Sie einverstanden?'
- ‚Ich bin einverstanden, Herr Präsident.'

Während des Gesprächs überkommen mich Fantasien wie die des vertrottelten Tagträumers Walter Mitty: Wenn ich an der Reihe bin, erhebe ich mich langsam und bedeutungsvoll und lasse meinen Blick in die Runde der Anwesenden schweifen. Dann blicke ich dem Präsidenten direkt in die Augen und sage ruhig und nachdrücklich:

- ‚Herr Präsident, meine Herren, ich stimme definitiv und ausdrücklich *nicht* zu.'

Aber ich werde aus meinem Trancezustand herausgeholt als ich die Stimme des Präsidenten sagen höre:

- ‚Mr. Cooper, sind Sie einverstanden?', und heraus kommt ein
- ‚Ja Herr Präsident, ich bin einverstanden'."

Diese tragische Geschichte offenbart unsere tiefste menschliche Sehnsucht: dazuzugehören. Wir haben Jahrmillionen in Gruppen von fünfzig bis hundert Menschen gelebt. Diese Gruppen bewegten sich in einem kleinen Radius. Wer von seiner Gruppe ausgeschlossen wurde, überlebte das nicht. Heute arbeiten wir formal vielleicht in einem großen Unternehmen, tatsächlich aber immer noch in einer überschaubaren Gruppe, in der jeder jeden kennt und einschätzen kann. Diese Gruppe ist verbunden durch Rituale, Mittagsstammtische und Pläusche am Kaffeeautomaten.

Solche Gruppen sind das Lebenselixier von gelungener Kollegialität und von guter Nachbarschaft, wo Selbstverpflichtung und Solidarität gedeihen. Die Umgebung des Präsidenten der Vereinigten Staaten ist so eine Gruppe. Chester Cooper gehörte dazu, und er wollte dazugehören. Hätte er sich ausgeschlossen, wäre das sein sozialer und beruflicher Selbstmord gewesen. Um den zu vermeiden, leugnen viele Menschen ihre Überzeugung.

Anpassen oder aussterben

Joachim Bauer zeigt in dem Buch „Das kooperative Gen", dass die Menschen sich in Anpassung an ihre Umgebung entwickeln. Wenn diese Umgebung sich zu sehr verändert, kann es sein, dass der Mensch nicht mehr passt. Dann gibt es nur zwei mögliche Auswege: aussterben oder mutieren (das Erbgefüge verändern).

Die Natur ermöglicht die Entwicklung des Menschen im Gleichklang mit seiner natürlichen Umwelt. Arbeit unter diesen Bedingungen ist artgerecht, sie ist Leben. Die Industrialisierung schuf Arbeitsbedingungen, die für Menschen nicht artgerecht sind. Viele Menschen zerbrechen daran. Das ist, als würden sie aussterben.

Wer nicht zerbrechen will, ist darauf angewiesen, dass sich die nicht artgerechte Arbeit und das artgerechte Leben wenigstens im Gleichgewicht befinden. Diese Balance ist fast so schwer zu halten wie die des Jongleurs auf dem Hochseil. Wir sind überfordert und fallen entweder auf der einen oder auf der anderen Seite herunter. Dann sind wir zerbrochen – ausgestorben.

Die als Alternative zum Aussterben mögliche Mutation – ein Evolutionssprung – lädt uns ein, in unseren Arbeitsbeziehungen das nachzuholen, was die Natur unserem Körper schon geschenkt hat: Wechselwarme Tiere passen ihre Körpertemperatur der Umgebung an. Wenn es kalt ist, sind Stoffwechsel und Bewegungen langsamer. Je kälter es wird, desto starrer werden sie. Fische, Amphibien, Reptilien oder Insekten überstehen so einen Winter.

In der biologischen Evolution wurden die wechselwarmen Tiere von eigenwarmen Lebewesen „abgehängt". Auch wir Menschen gehören dazu. Wir behalten unsere Körpertemperatur in jedem Klima bei und können so auch in kalter Umgebung mit der konstanten Betriebstemperatur unseres Gehirns ein reges Leben führen.

Die Zeitenwende, die wir jetzt gerade erleben, wird für viele Unternehmen wie eine Eiszeit wirken: Diejenigen, die mit alten Geschäftsmodellen und Führungsmethoden weiterarbeiten, verfallen in eine Starre. Unbeweglich stemmen sie sich gegen die notwendigen Veränderungen, haben keine konstante Betriebstemperatur und tun das, was andere von ihnen erwarten. Die Vorgaben kommen „von oben", und wem es nicht passt, der muss gehen. Sollten sie die Zeiten überdauern und das Leben danach wieder blühen, werden sie erkennen, dass sie als Wechselblütler zu einer niederen Kategorie gehören.

Auf Dauer werden sich andere Unternehmen durchsetzen: Unternehmen, die artgerechte Lebensbedingungen für den eigenwarmen Menschen von der Natur auf die Arbeitsbeziehungen übertragen. Unternehmen, in denen jeder Mitarbeiter mündig ist, unabhängig von anderen – frei. Seine Pflichten halten ihn nicht mehr davon ab, seine Träume zu verwirklichen. Er bringt den Mut und die Entschlusskraft auf, nur noch sich selbst zu folgen und niemandem sonst. Er tut nur noch Dinge, die er aus eigenem Antrieb tun will.

In einer „Eiszeit" – wenn die Geschäfte schlecht laufen – sind die Führer von „eigenwarmen" Organisationen ihren Mitarbeiter gegenüber loyal. Das Ergebnis: Know-how, Erfahrungen und Ideenreichtum der Mitarbeiter machen das Unternehmen in gemeinsamer Anstrengung robust – auch und gerade in turbulenten Zeiten. Niemand wird missbraucht. Die Mitarbeiter erfüllen die Sehnsucht ihres Herzens in ihrer Arbeit und gründen ihre Autorität auf ihre eigene Überzeugung. Das gibt ihnen Kraft.

In wechselwarmen Unternehmen hingegen werden Mitarbeiter ausgebeutet. Angst und Zorn erhöhen den Cortison- und den Adrenalingehalt im Blut. Cortison und Adrenalin zerstören das Immunsystem. So ist es folgerichtig, dass die Krankheitsraten steigen, dass eine Work-Life-Balance nicht gelingt und Burn-out folgt.

Das Geheimnis der Resonanz

Biologen führen manchmal ethisch bedenkliche Experimente durch. In solch einem Experiment traktierten Wissenschaftler Mäuse, die sich in einem Käfig befanden, mit Elektroschocks. Anschließend wurden andere, unbelastete Mäuse in diesem Käfig eingesperrt. Ihre Symptome waren die gleichen: Sie zitterten vor Angst, obwohl ihnen niemand etwas angetan hatte. Das von ihren „Vorgängern" in dem Käfig geschaffene Schwingungsfeld der Angst erfasste sie.

Wer in einem Unternehmen Angst verbreitet – ganz gleich wovor –, verwandelt es in einen Folterkäfig. Wer hineinkommt spürt, dass mit den Mitarbeitern am lebendigen Leib experimentiert wird. Weil niemand biophysikalische Messinstrumente einsetzt, lassen sich die Konsequenzen nicht nachweisen. Sie könnten aber messtechnisch nachgewiesen werden, wenn Forscher sich den Problemen aus dieser Perspektive annehmen dürften.

Jeder lebende Organismus ist ein organischer Sensor, der elektromagnetische Wellen

- empfängt,

- aussendet,

- ihnen Widerstand entgegensetzt

- oder sie verstärkt.

Die Gleichartigkeit des Verhaltens wird bei Pflanzen chemisch gesteuert, bei Tieren und Menschen chemisch und elektromagnetisch. Eine Trillion chemische Reaktionen pro Sekunde in unserem Körper werden von sich überlagernden Schwingungen gesteuert, auf deren Empfang wir eingestellt sind und die wir verändern können. Eine Trillion ist eine Zahl mit 18 Nullen.

Wir sind wie ein Radar, der nur feste Objekte erfasst. Ein Radar funktioniert wie ein Sieb, das alles hindurch lässt, was keine Wellen zurückwirft. Vom Wind bekommt er nichts mit. Wie ein Radar fischen auch wir uns immer nur das heraus, wofür wir zur Aufnahme „konstruiert" sind. Der Rest wird nicht „wahr–genommen", er fließt durch uns hindurch wie Rundfunk- und Fernsehfrequenzen durch ein Gerät, das darauf nicht eingestellt ist.

Eingebettet in das Hintergrundrauschen der ganzen Welt, empfangen wir nur das, was unserer Frequenz und unserem Zeitmuster entspricht. Für Vögel bewegen wir uns in Zeitlupe. Für Elefanten reagieren wir so schnell, wie es die Vögel unserem Eindruck nach tun.

Die Netzhaut des menschlichen Auges verwandelt den Frequenzbereich von 2^{48} bis 2^{51} Hertz (Herzt misst Schwingungen/Sekunde) in Bilder, Formen und Farben. Das ist ein ziemlich kleiner Bereich. Alles, was andere Frequenzen aussendet, sehen wir nicht. Die kürzeren ultravioletten Frequenzen nehmen wir als Wärme wahr. Bienen und Hummeln können sie sehen. Auch die längeren infraroten Frequenzen erkennen wir mit bloßem Auge nicht, aber Nachtsichtgeräte machen sie sichtbar.

Hören können wir innerhalb eines Frequenzbereiches von 2^4 bis 2^{14} (16 bis 16.000) Hertz. Die vielfältige Musik unter Wasser bekommen wir auch dann nicht mit, wenn wir tauchen. Eine komplizierte Knochenmechanik, die eine Flüssigkeit in unseren Ohren bewegt, ist auf Schwingungen aus der Luft spezialisiert. Das Tonspektrum der Fische übersteigt das des Menschen aber um ein Vielfaches und geht sogar über den Ultraschallbereich hinaus.

Resonanz ist ein Maß für die Gleichschwingung von Wellen zwischen Feldern. Körper im gleichen Schwingungszustand stehen miteinander „in Resonanz". Ein Resonanzkörper – zum Beispiel eine Geige – klingt mit Saiten, die ihre Schwingung anregen. Er bildet ein Feld, das bei Gleichschwingung ausstrahlt und anzieht. Menschen reagieren wie ein Resonanzkörper, wenn ihr Gegenüber sie in ihrer Schwingung anspricht.

Gestehen wir jemandem Autorität zu, begeben wir uns in sein Feld und geben ihm damit Macht über uns. Verbringen wir mit anderen Menschen Zeit und verfolgen mit ihnen die gleichen Ziele, bauen wir gemeinsam ein einheitliches Resonanzfeld auf. Unsere Gedanken und Gefühle sind elektromagnetische Einheiten, denen unsere Wahrnehmung gehorcht. Schwärme – Vögel, Fische, Heuschrecken, Menschen – werden von Resonanzfeldern gelenkt, die der Verstand nicht filtert. Die Lenkung geht vom Herzen aus.

Die sprachlichen Wurzeln einiger scheinbar „harten" modernen Begriffen offenbaren, dass es auch bei ihnen um Resonanz geht:

- „Information" kommt vom lateinischen „informatio" (welche Vorstellung jemand hat),

- „Kompetenz" kommt vom lateinischen „competere" (welchen anderen Menschen jemand entspricht),

- „Qualifikation" kommt vom lateinischen „qualis facere" (wie jemand erschaffen und beschaffen ist).

„Artgerechte Menschenhaltung" verstehen wir erst vor diesem sprachlichen Hintergrund.

Der Geheimcode für artgerechte Menschenhaltung

Der Code für artgerechte Menschenhaltung besteht aus drei Buchstaben, der eine dreifache Bedeutung hat: OHM (Institut für **O**rganisation und **H**umanes **M**anagement.

In der Physik beschreibt das Ohmsche Gesetz einen Zusammenhang zwischen der elektrischen Spannung und der Stärke des fließenden Stroms. Im Unternehmen herrscht Spannung, wenn Mitarbeiter der Organisation mit innerem Widerstand begegnen. Artgerechte Menschenhaltung löst diesen Widerstand auf. Mehr Energie kann fließen und nach außen dringen. Das Unternehmen wird attraktiv für Mitarbeiter, für Kunden und für Lieferanten.

Ohm – englisch „aum" geschrieben – ist der Grundton von Glocken und Musikinstrumenten der Hindus und Buddhisten. Er liegt knapp unter dem Cis der westlichen Tonleiter (136,1 Hertz, 272,2 Hertz und 544,4 Hertz). Hans Cousto beschreibt in dem Buch „Die Oktave – Das Urgesetz der Harmonie", dass dieser Ton den Rhythmus unseres Planeten hörbar macht, dass er die hörbare Oktavierung eines Jahresumlaufs der Erde um die Sonne ist. Mönche und spirituelle Menschen im Osten wie im Westen suchen mit dem Ton OHM Kontakt zu innerer, höherer Weisheit und bringen sich in Resonanz mit dem Fluss der Welt. Das OHM entspricht dem „Amen" des Christentums, und das bedeutet: „So ist es." Schließlich besteht das Wort OHM aus drei Buchstaben. Jedem von ihnen möchte ich auch noch eine eigene Bedeutung zuweisen:

Das O in **O**HM steht für „offen": „Artgerecht" bedeutet bei Menschen, dass es keine Tabus gibt, dass alles, was in vielen Unternehmen regelmäßig „unter den Teppich gekehrt" wird, auf den Tisch kommt, um offen darüber zu sprechen.

Das H in O**H**M steht für „human": In jedem Menschen – in ausnahmslos jedem – schlummern besondere Fähigkeiten und kraftvolle Antriebe. Wir brauchen sie nur aus ihrem Versteck herauslocken. Wer die Würde eines Menschen anerkennt, sieht das Potenzial, das in ihm steckt. Das ist wahre Humanität.

Das *M* in OH**M** steht für „mutig": Wer sich auf artgerechte Menschenhaltung in Unternehmen einlässt, braucht Mut. Er stellt sich einer Realität, die sein bisheriges Weltbild auf den Kopf stellt. Diese Realität gibt ihm das Handwerkszeug zum Überleben – in einer Zukunft nach dem Evolutionssprung, den wir gerade erleben.

Jedes der drei folgenden Kapitel ist einem dieser drei Buchstaben gewidmet – und der Bedeutung, für die er steht. Jedes der drei folgenden Kapitel gibt Ihnen konkrete Handlungsanleitungen dafür, wie Sie den jeweiligen Aspekt ganz praktisch umsetzen können.

Noch müssen die meisten Mitarbeiter

■ in immer kürzerer Zeit und

■ unter immer größeren Druck

■ einen ständig wachsenden Beitrag zum Ergebnis liefern.

Das ist gegen die menschliche Natur. Wer dem ausgesetzt ist, reagiert deshalb mit Widerstand. Was einem Menschen gegen seine innere Stimme übergestülpt wird, hat eine kurze Verfallszeit. Es ist nicht nachhaltig und vom Tode gezeichnet.

In Unternehmen, die artgerechte Menschenhaltung umsetzen, bekommt jeder das, was er sich im Grunde seines Herzens wünscht – was wir alle uns im Grund unseres Herzens wünschen:

■ Wir wollen geliebt und anerkannt werden,

■ wir wollen über uns selbst bestimmen, und

■ wir suchen einen Sinn hinter dem, was wir tun.

Wo Führung das bietet, identifizieren sich die Mitarbeiter mit ihrem Unternehmen und dessen Zielen. Wo Führung das bietet, leisten die Mitarbeiter den ihnen möglichen Beitrag zur wirtschaftlichen Gesundheit des Unternehmens. Sind Sie jetzt neugierig zu wissen, wie es praktisch funktioniert?

7.

DER STINKENDE NILPFERDKOPF

Nach einem Jagsausflug irgendwo in Afrika stellt ein stolzer Jäger seine Trophäe – einen Nilpferdkopf – auf dem Tisch in seinem Haus aus und lädt Gäste ein. Pflichtgemäß bewundern sie die Trophäe. Aber keiner traut sich zu sagen, was alle riechen: Der Nilpferdkopf stinkt in der tropischen Hitze.

In vielen Unternehmen stinkt es ebenso. Der Dreck wird unter den Teppich gekehrt, damit ihn niemand sieht. Aber wer das Unternehmen betritt, spürt es. Vielleicht nicht mit der Nase, aber mit anderen sensiblen Antennen: Die Atmosphäre ist klinisch sauber, aber spannungsgeladen. Die Freundlichkeit ist aufgesetzt. Es gibt kein liebevolles Miteinander. Statt wertschöpferisch zu handeln, rangeln die Mitarbeiter um Macht. Hier stimmt etwas nicht. Es lässt sich nicht verstecken.

Der stinkende Nilpferdkopf ist ein Symbol für die peinlichen Versuche, andere zu beeindrucken und ihnen eine heile Welt vorzuspielen. Er ist ein Symbol für das Bemühen, die wahren Zustände in uns oder in unserem Unternehmen zu verbergen. Wer glaubt, dass andere nicht riechen, dass der „Nilpferdkopf" in seinem Büro oder in seinem Haus stinkt, ist in der gleichen Situation wie viele Menschen, die sich nicht vorstellen können, dass andere hinter die Kulissen schauen können, die verbergen sollen, wer sie wirklich sind.

Unser stolzer Jäger mit seiner Trophäe geht davon aus, dass seine Gäste den Gestank nicht riechen, weil er selbst ihn nicht riechen will. Es gibt Familien oder Unternehmen, die eine Fassade nach außen zeigen, welche die wahren Zustände dahinter verdecken soll. Das ist die

Welt der Flachlandbewohner. Dass andere gleichsam „von oben" in den geschlossenen Raum hineinschauen und das falsche Spiel erkennen, können sie sich nicht vorstellen.

Unsere Wahrnehmung geht über das hinaus, was unsere fünf Sinne offenbaren. „Mein Geheimnis ist ganz einfach", lässt Antoine de Saint-Exupéry seinen „kleinen Prinzen" sagen: „Man sieht nur mit dem Herzen gut. Das Wesentliche ist für die Augen unsichtbar." Wer seine Wut, Angst, Frustration, Trauer, Ohnmacht oder Fassungslosigkeit akzeptiert und zeigt, wird sie als die letzten Stunden der Dunkelheit erleben, bevor die Sonne aufgeht.

Realität beschränkt sich nicht auf das, was mess- und wägbar ist. Diese Sicht der Realität galt in den vergangen Jahrhunderten. Die Wissenschaft ist gerade dabei, uns weitere Dimensionen zu erschließen. Wer noch immer in „Flachland" lebt, erfährt, dass andere „von oben" in seine Welt hineinschauen – sie durchschauen – können. Hinter dem Geschehen in unserer sichtbaren Welt gibt es einen ununterbrochenen Energiefluss in einer für uns nicht direkt zugänglichen, unsichtbaren Welt.

Wir können nichts verstecken. Irgendwann einmal offenbaren sich alle Geheimnisse. Wer versucht, eine Fassade aufrechtzuhalten, die etwas Falsches zeigt, blockiert die eigene Entwicklung und Zukunft. Die Bedeutung des ersten Buchstabens unseres Geheimcodes für artgerechte Menschenhaltung im Unternehmen ist deshalb gar nicht mehr geheim: Das O in BUSINESS REFRAMING Institut für Organisation und Humanes Management steht für offen. Es gibt keine Tabus. Alles im Unternehmen – ohne jede Einschränkung alles – kommt auf den Tisch.

Ihr Lebensdrama in drei Akten

„Wo soll ich beginnen?", fragt der Friedensnobelpreisträger Elie Wiesel (geb. 1928): „Die Welt ist so groß. Ich werde also mit dem Land beginnen, das ich am besten kenne – mit meinem eigenen. Aber mein Land ist so groß. Ich fange doch lieber mit meiner Stadt an. Aber meine Stadt ist so groß. Am besten beginne ich mit meiner Straße. Nein, mit meinem Haus. Nein, mit meiner Familie. Ach was, ich beginne bei mir."

„Sei du die Veränderung, die du in der Welt bewirken willst", so Mahatma Gandhi (1869–1948). Ganz gleich ob Sie Unternehmer, Führungskraft oder Mitarbeiter sind: Beginnen Sie bei sich selbst. Danach können Sie mit Ihrem Vorbild vorangehen und es in Ihr Unternehmen tragen.

Ich schlage Ihnen dazu eine Vorgehensweise vor. Nehmen Sie diesen Vorschlag als Anregung und treffen Sie dann Ihre eigenen Entscheidungen. Breiten Sie Ihren eigenen Weg vor sich aus – ganz so, wie ein roter Teppich vor den Füßen eines Herrschers ausgerollt wird. Sie sind der Herrscher über Ihr Leben. Es mag im Unternehmen jemand im Organisationsplan über Ihnen stehen. Aber in Ihrem Leben gibt keinen anderen Menschen, der über Ihnen steht.

Viele von uns sind von einem großen Regisseur im Himmel für die Hauptrolle in einem Drama engagiert worden – dem Drama des eigenen Lebens. Es ist ein Drama in drei Akten:

1. Hoffnung

2. Enttäuschung

3. Resignation

Wir hoffen, dass die neue Stelle, die neue Wohnung, der neue Partner unsere Erwartungen erfüllt. Wenn die Erwartung enttäuscht wird, scheuen wir das Risiko der Veränderung. Wir hoffen weiter, dass die Situation sich bessert. Aber irgendwann gewinnt die Enttäuschung. Wir haben Angst vor einer nochmaligen Veränderung, resignieren und ergeben uns dem Schicksal. Wir leben zurückgezogen und gestalten unser Leben so, wie es unter den gegebenen Umständen gerade noch erträglich ist.

Welcher dieser drei Akte wird in Ihrem Leben gerade aufgeführt?

Wer sich nach einer Auseinandersetzung ergibt, erkennt den Sieg des anderen an. In unserem Beispiel scheint das der Sieg des Schicksals zu sein. Wirklich des Schicksals? Oder vertritt nicht zum Beispiel Ihr Chef, Ihr Vermieter, Ihr Partner das Schicksal, dem Sie sich ergeben und das Sie besiegt hat?

Im Film lernen die Darsteller ihren Text nach dem Drehbuch des Autors und spielen es so, wie der Regisseur es vorgibt. Im Theater Ihres wirklichen Lebens ist das anders: Sie sind Drehbuchautor, Regisseur und Schauspieler in einer Person. Sie schreiben Ihr eigenes Leben, inszenieren und spielen es selbst. Es ist Ihre Verantwortung, Ihr Umfeld so zu beeinflussen, dass Sie Ihren Weg gehen können.

Finden Sie jetzt bitte in einer kurzen Übung heraus, welche Konsequenzen es hat,

■ wenn Sie Ihr Leben nach Ihren eigenen Maßstäben ausrichten

■ oder wenn Sie Ihr Leben nach den Maßstäben anderer ausrichten.

Fangen Sie die Gedanken auf, die Ihr Unterbewusstsein Ihnen zuwirft und die Ihnen dazu einfallen. Tragen Sie diese Gedanken in die Fragebögen zur Selbstbestimmung und zur Fremdbestimmung auf den Seiten 92 und 93 ein. Anschließend bewerten Sie bitte Ihre eigene Situation in den einzelnen Bereichen Ihres Lebens, indem Sie das jeweils zutreffende Feld ankreuzen. Wenn Sie wollen, notieren Sie in der Bemerkungsspalte neben Ihren Bewertungen zum Beispiel noch die Gründe für Ihre Bewertung.

Es kann sein, dass jemand, mit dem Sie zusammenarbeiten, sich für eine große Sache einsetzt, die auch die Ihre ist. Vielleicht bewundern Sie diesen anderen Menschen. In jedem Fall aber unterstützen Sie das, was er tut. Auch solch eine Unterstützung kann eine wichtige Aufgabe sein. In solch einem Fall können Sie auch in einem fremdbestimmten Bereich begeistert oder zufrieden sein.

SELBSTBESTIMMUNG:

In welchen Bereichen meines Lebens tue ich, was *ich* von mir erwarte?	In diesem Bereich bin ich	Bemerkungen
1	☐ begeistert ☐ zufrieden ☐ hoffnungsvoll ☐ neutral ☐ enttäuscht ☐ resigniert ☐ verängstigt	
2	☐ begeistert ☐ zufrieden ☐ hoffnungsvoll ☐ neutral ☐ enttäuscht ☐ resigniert ☐ verängstigt	
3	☐ begeistert ☐ zufrieden ☐ hoffnungsvoll ☐ neutral ☐ enttäuscht ☐ resigniert ☐ verängstigt	

FREMDBESTIMMUNG:

In welchen Bereichen meines Lebens tue ich, was *andere* von mir erwarten?	In diesem Bereich bin ich	Bemerkungen
1	☐ begeistert ☐ zufrieden ☐ hoffnungsvoll ☐ neutral ☐ enttäuscht ☐ resigniert ☐ verängstigt	
2	☐ begeistert ☐ zufrieden ☐ hoffnungsvoll ☐ neutral ☐ enttäuscht ☐ resigniert ☐ verängstigt	
3	☐ begeistert ☐ zufrieden ☐ hoffnungsvoll ☐ neutral ☐ enttäuscht ☐ resigniert ☐ verängstigt	

Der stille Überfall im Schlaf

Viele Menschen führen drei verschiedene „Aktenordner" über ihr Leben:

1. Die Vergangenheit

2. die Gegenwart

3. die Zukunft

In der Kindheit sind wir durch unsere Eltern oder Erzieher weitgehend fremdbestimmt und nur bedingt zu eigenen Entscheidungen in der Lage. Jetzt, wo Sie erwachsen sind, haben Sie aber die Möglichkeit, ein selbstbestimmtes Leben zu führen. Zu jeder Zeit leben Sie in der Gegenwart. Im Verlaufe der Zeit reihen sich im Grunde nur unendlich viele Jetzt-Augenblicke aneinander. An die Vergangenheit erinnern Sie sich – Sie können sie nicht mehr ändern. Die Zukunft erwarten Sie. Die meisten Menschen verknüpfen diese Erwartung mit bestimmten Hoffnungen. Wenn Sie noch kein selbstbestimmtes Leben führen, hoffen Sie vielleicht, dass Ihnen das in der Zukunft gelingen wird und Sie irgendwann einmal Herr über Ihr eigenes Leben sein werden. Sie hoffen dann, dass die Zukunft anders – nach Möglichkeit besser – wird.

Bei vielen Menschen kommt aber nachts im Schlaf jemand vorbei und legt heimlich den Inhalt aus dem Vergangenheitsordner in den Ordner für die Zukunft. Es gelingt ihnen nicht, sich von alten Beziehungen, Gewohnheiten und Einschränkungen zu befreien, sie verlängern einfach ihre Vergangenheit in die Zukunft hinein. Im Französischen gibt es dafür das wunderschöne Sprichwort „Plus ça change, plus c'est la même chose!" (dt.: Je mehr sich etwas verändert, umso mehr bleibt es gleich).

Viele Menschen errichten deshalb aus ihrer Vergangenheit ein Gefängnis und sperren sich selbst darin ein. Dort spielen sie eine amüsante Komödie mit dem Titel „Ich bin frei" und glauben sogar noch daran.

Eine Zukunft unabhängig von Ihrer Vergangenheit setzt voraus, dass Sie die Vergangenheit wirklich in dem Vergangenheits-Aktenordner ablegen und dort auch lassen. Erst dann ist Ihre Vergangenheit vollständig. Erst dann ist sie wirklich vorbei und bleibt vergangen. Erst dann haben Sie eine Zukunft, die von der Vergangenheit befreit ist. Erst dann können Sie die Möglichkeiten ergreifen, die Ihnen eine von der Vergangenheit nicht vorgeprägte Zukunft bietet. Erst dann sind Sie wirklich frei und können Ihr Leben gestalten.

Der Künstler André Heller interpretiert die drei Aktenordner anders: Im ersten ist Ihre Suche nach menschlichen Erfahrungen abgelegt, im zweiten Ihre Suche nach spirituellen Erfahrungen und im dritten die Suche Ihres Geistes oder Ihrer Seele nach menschlichen Erfahrungen. Ihre Seele ist aus einer göttlichen Quelle entsprungen, sie ist Ihr wahrer Kern. Mit diesem Ihrem unsterblichen Anteil sammeln Sie in der Materie Erfahrungen.

Wie wollen Sie Ihre Zukunft gestalten? Was haben Sie sich für Ihr Leben vorgenommen? Was wollen Sie wirklich? Ich habe oft das Gefühl, dass die Menschen kleine Kristalle in ihrer DNA haben, die immer leuchten, wenn sie auf dem Weg sind, der ihrer Leidenschaft entspricht. Die Freude, die sie dabei ausstrahlen, steckt an. Für alle, die mit dem Herzen sehen können, ist sie sichtbar und spürbar.

Wenn Sie sich dabei so einsetzen, wie der Dichter Albert Matthäi (1855–1924) es den Deutschen nach dem Ersten Weltkrieg empfahl, werden Sie unwiderstehlich:

„Und handeln sollst du so als hinge

von dir und deinem Tun allein

das Schicksal ab der deutschen Dinge

und die Verantwortung wär' dein."

Weil Sie solch ein Engagement nicht gewohnt sind, glauben Sie, dass es nur vorübergehende Emotionen sind. Sollten dabei wirklich Kristalle in Ihrer DNA leuchten – was ich einfach einmal unterstelle –, übersehen Sie das, und dabei entgeht Ihnen viel. Meinen Sie vielleicht, dass Ihre Begeisterung über Ihren selbstbestimmten Weg einfach nicht wahr sein kann, und suchen ein „Haar in der Suppe"? Glauben Sie, dass so viel Glück oder günstige Umstände gar nicht kommen können, weil es in Ihrem Leben einfach keine „Höhenflüge" gibt?

Wenn Sie Ihr Leben nach dem ausrichten, wofür Sie im Herzen brennen, beschert es Ihnen faszinierende Begegnungen und Harmonie mit anderen Menschen und das, was wir gern als Erfolg bezeichnen. Bei den meisten Menschen ist das, was sie mit dieser inneren Haltung tun, dann auch von großem Nutzen für das Leben auf diesem Planeten.

Wenn Sie von etwas begeistert sind, bewirkt das, was Ihnen wichtig und bedeutsam ist, etwas Wunderbares. Der Neurobiologe Gerald Hüther erklärt in dem Buch „Was wir sind und was wir sein könnten", dass die Signale der Begeisterung bis in die Zellkerne Ihrer Nervenzellen wirken und dass sie die Zellkerne mit allem, was notwendig ist, „durchtränken". Das verbessert und baut Ihre Netzwerke aus. Sie spüren plötzlich, dass Sie die Kräfte und Fähigkeiten haben, die Sie jetzt brauchen. Sie konstruieren fällige Ereignisse und ziehen sie an. Es ereignen sich Dinge, die wir gemeinhin als Wunder bezeichnen.

Flüstert Ihnen manchmal jemand etwas ins Ohr?

Jeanne ist ein französisches Bauernmädchen im 15. Jahrhundert. In einem hundertjährigen Krieg versucht England seinen Anspruch auf den französischen Thron durchzusetzen. Eine innere Stimme sagt Jeanne, was ihre Aufgabe ist: Frankreich von der Herrschaft der Engländer zu befreien. Keiner ihrer äußeren Lebensumstände kann sie dabei unterstützen. Ihr Vater hat ihren Brüdern befohlen, sie zu töten, wenn sie den Hof verlässt. Die französischen Truppen stehen kurz vor der Niederlage.

Jeanne weiß, dass ihre Gedanken, Gefühle und Überzeugungen Veränderungen in der äußeren Welt auslösen können – Veränderungen, die sie brauchte, um ihre Mission zu erfüllen. Sie hat einen Freund, ihren Onkel. Ihm vertraut sie ihre Mission an und überzeugt ihn von ihrer Entschlossenheit, sie zu erfüllen.

Mit finanzieller Unterstützung eines Geschäftspartners kauft der Onkel ihr ein Pferd, mit dem sie zu dem noch ungekrönten König Charles VII reitet und ihm von ihren Plänen erzählt. Der Kronprinz ist von Jeannes Entschlossenheit beeindruckt. Er überträgt ihr den Oberbefehl über die französische Armee. Jeden Tag steht sie vor Sonnenaufgang auf, weckt die Soldaten und zieht mit ihnen in den Kampf. Seit sie an der Spitze der Truppen steht, wird die Armee nicht mehr geschlagen. Nach drei Jahren ist Frankreich befreit und erringt den Sieg über England. Heute ist Jeanne d'Arc aus Orléans (1412–1431) die Nationalheilige Frankreichs. Sie hat ihr Ziel erreicht, weil sie entschlossen und von ihrer selbst gestellten Aufgabe erfüllt war.

Vor hundert Jahren war ein Auto so etwas Besonderes wie ein Privatflugzeug oder eine Luxusyacht heute. Henry Ford ist von der Idee besessen, ein Auto zu bauen, das jeder seiner Arbeiter mit drei Monatslöhnen kaufen kann. Die Idee ist revolutionär, Ford setzt sie um.

Die ersten Computer sind containergroß. Ich erinnere mich, wie die Operatoren, die sie bedienten, aufgeregt zwischen diesen Ungetümen hin- und herliefen – mit finsteren Mienen, weil nichts funktionierte. Steve Jobs ist von der Idee eines Computers besessen, der Spaß macht. Eine total verrückte Idee. Jobs Lösung ist der legendäre Macintosh. Er verändert die Welt.

Qualitätskontrolle in der Präzisionsteileherstellung ist technisch äußerst anspruchsvoll. Die 55-jährige ungelernte Arbeiterin und vielfache Großmutter Anna Funke ist von der Idee besessen, für die Qualitätskontrolle verantwortlich zu sein. Ihre Kollegen lachen sie aus. Drei Jahre später ist sie am Ziel. Heute arbeitet sie als stellvertretende Leiterin der Qualitätskontrolle einer Firma, die große Hightech-Konzerne beliefert.

Wolf Veyhl, ein Zulieferer für die Büromöbelindustrie, wird von seinen großen, mächtigen Kunden ausgebeutet. Er ist von der Idee besessen, die Abhängigkeit von seinen Kunden umzukehren. Wenige Jahre später kaufen alle namhaften Büromöbelhersteller bei ihm. Nur einer produziert seine Zulieferteile zu höheren Kosten noch selbst. Er will nicht auch noch von Veyhl abhängig werden.

Welche Vision wollen Sie verwirklichen? Von welcher Idee sind Sie besessen? Sie müssen ja nicht gleich Frankreich oder Ihr eigenes Land retten – Ihr Unternehmen, Ihr Team, Ihr Projekt oder Ihr eigenes Leben tut es auch. Sie müssen kein Fahrzeug entwickeln, das sich mit freier Energie fortbewegt, und keine Software, die drahtlos alles erkennt. Verbesserungen in Ihrer Branche, Ihrer Abteilung oder auf Ihrem eigenen Arbeitsgebiet tun es auch. Wolf Veyhl und Anna Funke zeigen Ihnen, dass es geht.

Hören auch Sie auf Ihre innere Stimme. Seien Sie von Ihrer Lebensaufgabe erfüllt. Seien Sie voll und ganz entschlossen, diese Aufgabe Ihres Lebens zu leben. Wenn Sie mit einer solchen inneren Kraft und Überzeugung eine Herausforderung angehen, wirkt ein Gesetz, das kaum jemand versteht:

Auf einer anderen Realitätsebene gibt es bereits eine Lösung. Den Weg dorthin kennen Sie nicht und Sie brauchen sich darum auch nicht zu kümmern. Sie können die Dinge geschehen lassen. Ihre Lebensaufgabe wird Ursachen anziehen, und diese Ursachen lösen die Wirkungen aus, die Sie brauchen, um ans Ziele zu kommen.

Alles, was wir in unserem Denken und Bewusstsein als wahr empfinden, strahlen wir aus und ziehen es als Bestätigung unseres Weltbildes von außen an. Die Physiker haben entdeckt, dass sich bestimmte kleine Materieteilchen unter dem Elektronenmikroskop so verhalten, wie es der Beobachter erwartet. Geht er davon aus, dass die Teilchen in Wellen oder im Kreis fließen oder dass sie auf der Stelle stehen, dann tun sie das auch. Alles was uns umgibt, ist aus diesen Materieteilchen zusammengesetzt, und wir selbst sind es auch. Diese Teilchen sind die Bausteine der Schöpfung und sie führen ausnahmslos das aus, was wir aussenden und erwarten.

Unsere idealen Pläne werden unserem Inneren in Form von Wünschen eingeprägt. Welche Träume vergessen Sie nie? In welchen Situationen sind Sie mit freudiger Energie aufgeladen? Der ursprüngliche Plan ist der Wunsch, der nicht verloren geht, der Sie ein Leben lang verfolgt. Er sendet Signale aus, die ihr Duplikat in der Angebotsliste der Materie suchen und das in Ihre Richtung ziehen, was Sie brauchen. „Wirklichkeit ist das, was im Hintergrund wirkt – also keine Realität, sondern eine Potenzialität", sagt der Physiker Hans-Peter Dürr (geb. 1929).

Bilder, die Sie mit viel Gefühl in Szene setzen, haben die höchste Chance auf Verwirklichung. Gefühle sind der Treibstoff, der Ihre gedanklichen Materialisationen ins Rollen bringt. Diese feinstofflichen „Gegenstände" sind immateriell bereits vorhanden. Nur materiell – grobstofflich – können Sie sie noch nicht sehen. Materie ist aber nichts anderes als verdichteter Geist. Nehmen Sie sich deshalb Zeit für Ihre Gefühle.

Die Qualität Ihrer Gedanken und Gefühle strahlt in das Energie-feld hinein, das Ihren Körper umgibt. Dieses Energiefeld wird Aura genannt. Die Elektroingenieure Semjon D. Kirlian (1898 – 1978) und Valentina C. Kirliana (1898 – 1972) entwickelten eine Technik, die die Aura fototechnisch sichtbar macht. Über Energiepunkte in Ihrem Körper – Chakren genannt – senden Sie unbewusst ständig Gedanken aus. Für viele kleine Kinder und für die meisten Tiere sind diese Gedankenformen sichtbar. Unsere Energiepunkte sind zugleich aber auch Empfangsstationen für Gedanken und Gefühle, die uns umgeben.

Der Physiker David Bohm (1917 – 1992) beschreibt in dem Buch „Die implizite Ordnung" die Verbindung zwischen der sichtbaren Welt und den Feldern. Er spricht davon, dass die sichtbare Welt in das Feld „eingefaltet" ist, das Sie über Ihre Aura um sich verbreiten. Sie han-deln professionell, wenn Sie sich etwas vorstellen, was Ihnen wirklich wichtig ist, und erst dann ruhen, wenn Sie es erreicht haben.

So kämpfte Friedrich der Große um sein Königreich. So produzierten Nicola Tesla, Wilhelm Reich und Viktor Schauberger Energie mit Techniken, die ihrer Zeit voraus waren. So pflanzte Yacouba Sawadogo in der Wüste einen Wald. So kehrte Wolf Veyhl die Abhängigkeit von seinen großen Kunden um. So bekam Anna Funke ihren Traumjob, für den sie gar nicht ausgebildet war. So schuf Ricardo Semler ein für seine Mitarbeiter artgerechtes Unternehmen.

Ihr erster Schritt

„Was immer du tun kannst, oder wovon du träumst, es zu können, fange es an. Entschlossenheit hat den Genius, die Macht und den Zauber in sich", schreibt Johann Wolfgang von Goethe (1749–1832). Sie können den nachfolgenden Fragebogen kopieren und an Ihre Mitarbeiter oder an Ihre Kollegen und Ihre Vorgesetzten verteilen. Vor dem Verteilen beantworten Sie die Fragen am besten zuerst einmal für sich selbst. Dann können Sie diese Erfahrung beim Verteilen schon erwähnen. Wenn Sie wollen, erklären Sie Ihr Ansinnen denen, die den Fragebogen von Ihnen erhalten zum Beispiel so:

„Ein kleines Buch hat mich dazu gebracht, über mein Leben und meine Arbeit nachzudenken. Ich habe dort einige Fragen gefunden, über die ich jetzt nachdenke, weil ich das Gefühl habe, dass die Auseinandersetzung mit diesen Fragen meine Arbeitssituation verbessern kann. Ich möchte wirklich gern mit Ihnen weiterarbeiten. Deshalb wäre es schön, wenn Sie wüssten, was mich gerade bewegt. Hier zeige ich Ihnen diese Fragen (aber nicht meine Antworten darauf; die behalte ich für mich). Ich würde mich freuen, wenn Sie sich ebenfalls mit diesen Fragen beschäftigen und wir hinterher darüber sprechen könnten. Darf ich sie Ihnen zeigen? Danke."

1. Was hat mir als Kind großen Spaß gemacht und was ist mir besonders leichtgefallen – viel leichter als meine Arbeit heute? Was wollte ich als Kind werden oder wie wollte ich sein, wenn ich einmal groß bin – und ich bin es nicht geworden?

2. Welche besonderen Talente spüre ich in mir, habe sie aber bisher nicht gelebt? In welchen Situationen bin ich von einem Geist beseelt, der mich vielleicht mit einer höheren Instanz verbindet?

3. Was würde ich tun, wenn ich zehn Mal mehr Mut hätte? Wo könnte ich über mich selbst hinauswachsen? In Beziehung, Familie, Beruf, Nachbarschaft, Umfeld etc.? Und in unserem Unternehmen?

4. Ich stelle mir vor, dass ich schon sehr alt bin. Ein Kind fragt mich: „Worauf bist du stolz in deinem Leben?" Was will ich ihm antworten? Kann ich das jetzt schon von mir sagen?

5. Welche Traumrolle stellten sich meine Eltern für mich vor? Welche Rolle sahen meine Großeltern, Tanten, Onkel, Geschwister für mich? Welche Erwartungen habe ich nicht erfüllt?

6. Wie sieht das nicht gelebte Leben meiner Eltern aus? Welche unerfüllten Träume hatten/haben sie? Haben sie von mir unterschwellig erwartet, stellvertretend für sie dieses Leben zu leben?

7. Was begeistert mich am meisten an der Welt und an unserem Unternehmen? Was stört mich am meisten an der Welt und an unserem Unternehmen? Wie kann ich das, was mich stört und das, was mich begeistert, beeinflussen oder verändern? Mit wem kann ich darüber reden, in welcher Runde mich darüber austauschen?

8. Wen beneide ich am meisten um sein Leben oder um seine Arbeit? Wie stelle ich mir dieses Leben oder diese Arbeit vor? Was müsste ich tun, um auch so leben und so arbeiten zu können? Würden meine Stärken dabei aufblühen?

9. Was würde ich tun, wenn ich nur noch sechs Monate zu leben hätte? Mit wem würde ich noch welche Gespräche führen?

10. Wer wollte mich in meinem bisherigen Leben fördern, und ich habe das Angebot abgelehnt? Wer hat mich in meinem bisherigen Leben besonders gefördert, und ich habe die Gelegenheit ergriffen?

Wenn es zu einem Gespräch über den Fragebogen kommt, können Sie darauf hinweisen, dass es Unternehmen gibt, die mit ihren Mitarbeitern eine Klausurtagung durchgeführt und dort alles besprochen haben, was in dem Fragebogen erwähnt ist. Es gibt viele Beispiele von Unternehmen, die auf diesem Wege Entwicklungen ausgelöst haben, die vorher kaum vorstellbar waren. Weil alle Mitarbeiter das tun können, was sie wirklich, wirklich wollen, hat die PACK 2000 Group den Umsatz verdoppelt, der Systemraumentwickler Nerling die Marktführerschaft erlangt, die Firma BOSTER sich vom Start-up zum führenden Experten für Cloud Computing und Microsoft Server Technologien entwickelt, das StrategieForum für EKS-Anwendungen sich stabilisiert und ein „Netzwerk für Erfolg und Wachstum" ausgebaut.

Wenn Sie Unternehmer oder Vorgesetzter sind, können Sie die Klausurtagung einberufen und Ihre Mitarbeiter mit diesen Fragen darauf einstimmen.

Wenn Sie so vorgehen, können Sie ein Wunder auslösen. Die Vorbilder von Jeanne d'Arc d'Orléans und Henry Ford, von Steve Jobs und Anna Funke, von Wolf Veyhl und Yacouba Sawadogo zeigen es Ihnen. Keiner vollbrachte „sein" Wunder allein. Jeder von ihnen steckte seine Umgebung an, so dass viele Menschen gemeinsam auf das Ziel hinarbeiteten, ohne daran zu denken, wer den Ruhm dafür erntet. Alle identifizierten sich mit dieser Aufgabe.

Das setzt Schöpfungskräfte frei und ermöglicht Dinge, die bis dahin unmöglich erschienen. So wird Genialität entfacht. So wirken Sie mit am Übergang in eine neue Zeit – in der Zusammenhänge wirken, die uns bisher noch wenig geläufig sind:

Das Wohlergehen des Planeten Erde und allen Lebens auf ihm. Ein liebevolles Miteinander mit allen Menschen. Eine wertschöpfende Produktion in perfekter Qualität – ich bin versucht zu sagen: für die Ewigkeit. Das schont unsere Ressourcen und ermöglicht den Menschen einen angemessenen Lebensstandard, ohne die Natur zu zerstören. Die Zwänge der Globalisierung werfen uns zurück auf unsere unmittelbare

Umgebung: auf unsere Region, Gemeinde oder Nachbarschaft und auf das Unternehmen, in dem wir arbeiten.

Wenn Sie die Initiative für solch einen Prozess in Ihrer Umgebung ergreifen wollen, weisen Sie bitte gleich zu Anfang auf einige Voraussetzungen hin: Es bringt nur etwas, wenn ...

- alle, die mitmachen sich gegenseitig Vertrauen schenken;

- alle Mitwirkenden sich gegenseitig garantieren, dass niemand jemals einen Nachteil wegen etwas erfährt, das er in dieser Runde gesagt oder getan hat – insbesondere die Vorgesetzten müssen diese Garantie geben;

- jeder ganz offen alles, wirklich alles anspricht, was ihn im Zusammenhang mit der Arbeit bewegt, wenn es also keine Tabuthemen gibt;

- alle zusagen, dass das, was in dieser Klausurtagung gesagt und getan wird im Kreise derer bleibt, die es gehört und erlebt haben, wenn also nichts nach draußen getragen wird;

- der Moderator dieser Tagung von allen – der Geschäftsleitung und der Belegschaft – akzeptiert wird und deren Vertrauen genießt. Oft finden sich kompetente Frauen leichter in diese Rolle hinein.

Jeder ist wichtig

Seien Sie sich darüber im Klaren, dass es bei diesem Prozess niemanden gibt, der unwichtig ist. Wer sich berufen fühlt, das zu tun, was er wirklich, wirklich, wirklich will, erfüllt den Sinn seines Lebens. Wenn er das nicht tut, wird es niemand anders tun, und die Weltgeschichte geht ohne diesen Beitrag weiter. Jeder Mensch ist einmalig und etwas Besonderes. Es gibt keinen einzigen unwichtigen Menschen.

Die Geschichte der Anfänge der Vereinigten Staaten berichtet von dem Kurierritt des Freiheitskämpfers Paul Revere (1734–1818) im

Unabhängigkeitskrieg. Er warnt die Patrioten vor den herannahenden britischen Truppen. Sein Handeln ist entscheidend für den Sieg der patriotischen Truppen und die spätere Unabhängigkeit der Vereinigten Staaten.

Die Bedeutung des Hufschmieds, der Reveres Pferd beschlug, ist für die Geschichte dieses großen Landes ausschlaggebend: Wenn ein Nagel gefehlt hätte, wäre das Hufeisen verloren gegangen. Wenn das Hufeisen gefehlt hätte, wäre das Pferd verloren gegangen. Wenn das Pferd gefehlt hätte, wäre die Schlacht verloren gewesen.

Im Jahre 2010 hält das Drama der explodierten Ölplattform im Golf von Mexiko die Welt lange in Atem. Der britische Ölkonzern BP (in Deutschland unter der Marke Aral vertreten) versucht monatelang vergeblich, das Bohrloch abzudichten. Joe Caldart, ein Klempner aus St. Francis in Kansas, der sich mit kaputten Wasserleitungen auskennt, verrät dem Konzern die Lösung: Der obere Stutzen des defekten Sicherheitsventils soll als Anschlusspunkt genutzt und die Verbindung mit einer Innendichtung versiegelt werden.

Joe Caldart ist ein Typ mit Tattoos, Nietengürtel, Harley-Davidson-Hemd und Stahlklappenschuhen. Niemand nimmt seinen Ratschlag ernst. Ingenieure und Experten aus der ganzen Welt werden wochenlang eingeflogen und konsultiert. Keiner von ihnen kann einen Beitrag zur Lösung leisten. Diese Verzögerung kostet den Konzern hohe zweistellige Milliardenbeträge.

Von Ihren ersten Schritten, mit denen Sie Wunder in Ihrem Unternehmen auslösen wollen, nehmen Sie sich bitte diese Lektion zu Herzen: Unwichtige Mitarbeiter gibt es nicht. Und der wichtigste von allen sind jetzt Sie: Sie lesen dieses Buch und haben meine Anregung bekommen. Das ist kein Zufall. Es gibt keinen Zufall. Es ist Ihnen zugefallen – zu Ihnen gefallen. Sie haben es angezogen.

Sie haben jetzt die Möglichkeit, einen Prozess in Gang zu setzen. Einen Prozess, der Ihr Leben und Ihre Arbeit verändern wird. An dessen Ende werden Sie und alle Ihre Kollegen, die das wollen, aufeinander eingestimmt sein. An dessen Ende werden die meisten Ihrem Lebensauftrag gerecht werden. Ihr Unternehmen wird ein Ort der Erfüllung, ein Ort der Resonanz.

Das wirksamste Resonanzmedium ist der Ton. Im Prolog zum „Faust" schrieb Johann Wolfgang von Goethe (1749–1832) der Sonne Töne zu. Dass die Sonne gewaltig lärmt, weiß die Wissenschaft seiner Zeit noch nicht, denn auf der Erde erscheint sie uns ruhig:

> *„Die Sonne tönt nach alter Weise*
>
> *in Brudersphären Wettgesang,*
>
> *und ihre vorgeschriebne Reise*
>
> *vollendet sie mit Donnergang."*

Der buddhistische Schöpfungsmythos geht davon aus, dass am Anfang der Ton war. Der christliche Schöpfungsmythos setzt an den Anfang das Wort. Vielleicht ist die Bedeutung von „Ton" und „Wort" in den jeweiligen Ursprachen identisch. In der Offenbarung des Propheten Mohammed heißt es: „Wer das Geheimnis des Tones kennt, kennt das Mysterium des Weltalls."

In dem Buch „Nada Brahma – Die Welt ist Klang" berichtet der Jazz-Musiker Joachim-Ernst Berendt (1922–2000) von einem außergewöhnlichen Resonanzerlebnis. Es wurde von einem Ton erschaffen, der uns eins werden lässt mit dem Fluss der Welt – der englische Fachausdruck dafür ist „to be in the flow". Berendt erlebte diesen Ton während der Zermatter Meisterkurse des großen Cellisten Pau Casals i Defilló (1876–1973):

„Es ist, als ob dieser Ton ein Ohr in mir erreicht, das es bisher noch gar nicht gibt. Es ist, als ob dieser Ton alle Höhen durchdringt und mich im Innersten trifft. In einem Innersten, das ich bis dahin nicht wahrgenommen habe. Und doch ist mir dieses Innerste mit einem Male mehr vertraut als alles, was ich an mir kenne.

Als dieser eine Ton verklungen ist, bin ich mir für einen Augeblick unsicher, ob Casals ihn überhaupt gespielt hat oder ob es nur gerade ganz still im Raum gewesen ist. Es ist ein Ton, in dem alle Töne klingen und in dem alle Stille ist.

Nicht nur kann ich diesen Ton nicht vergessen. Seit jenem Erlebnis suche ich danach, selbst so zu werden, dass mein Hören, mein Tun, mein Leben sich für diesen Ton öffnet. Damals ist mir etwas begegnet, das den Horizont unseres Begreifens überschreitet: Etwas Absolutes, Unbedingtes, Ewiges – der Ton, in dem alle Töne klingen, der Ton in dem alle Stille ist."

8.

Wie ein Esel auf Madeira Korn drischt

Der zweite Buchstabe unseres Geheimcodes BUSINESS REFRAMING Institut für Organisation und Humanes Management – OHM –, das H, steht für „human". Das lateinische „humanus" heißt edel, fein, gebildet, menschenwürdig. Es fordert freie und selbstbewusste Menschen, die ihrer Bestimmung folgen. Das entspricht der Natur des Menschen und ist für uns artgerecht.

Die „Humanisten" der Renaissance hatten die Vorstellung eines kultivierten, gebildeten Menschen. Wahrscheinlich zu Unrecht gehen wir davon aus, dass die Menschen der Steinzeit zwar schon Felsblöcke behauten, dass die gleiche Tätigkeit aber erst zur Zeit der Renaissance mit einer anderen Einstellung verbunden war: „Ich baue eine Kathedrale." Menschliche Arbeit war für sie zweckorientiert und selbstbestimmt, kreativ und sinnvoll.

Tiere arbeiten auch, aber anders: Als Madeira noch nicht die schicke portugiesische Tourismusinsel von heute war, verbrachte ich auf einer Segeltour über den Atlantik dort eine schöne Zeit. In den üppig grünen Bergen kam ich an kleinen Bauernhöfen vorbei. Auf einem Hof lag geerntetes Korn auf dem Boden ausgebreitet. In der Mitte steckte ein Pfahl im Boden. Daran war ein langes Rundholz befestigt, das am anderen Ende mit dem Geschirr eines Esels verbunden war. Der Esel sollte das Rundholz immerzu im Kreis um den Pfahl herumziehen. Wenn das schwere Holz über das auf dem Boden ausgebreitete Korn rollte, wurden die Getreidekörner aus den Ähren herausgelöst. So drosch man das Korn.

Mit einem Trick „motivierte" der Bauer den Esel, seine Arbeit zu verrichten und ununterbrochen im Kreis zu laufen: Er band ihm einen Stock auf den Rücken und hängte eine Karotte an den Stock vor sein Maul. Der Esel lief immerzu weiter, um irgendwann einmal an die Karotte zu kommen.

Was ist die Karotte in Ihrem Leben, bei Ihrer Arbeit? Haben Sie Ihre Karotte vielleicht schon einige Male ausgewechselt und sind dann der nächsten hinterhergelaufen? Für viele gibt es da eine typische „Karottenfolge": Wenn ich den Schulabschluss erst geschafft habe... Wenn die Ausbildung erst abgeschlossen ist... Wenn ich erst die richtige Stelle habe... Wenn doch erst Urlaub ist... Wenn ich erst den richtigen Partner habe... Wenn wir erst im eigenen Haus wohnen... Wenn die Kinder erst aus dem Gröbsten heraus sind... Wenn ich endlich in Rente bin... Wenn ich erst wieder gesund bin...

Human – menschenwürdig – ist das nicht. Eines Menschen würdig ist es, sich mit der Aufgabe seines Lebens zu identifizieren. Für ein Ziel zu brennen, bis es erreicht ist. Wer das tut, läuft keiner Karotte nach. Sein Geschenk an die Welt ist zugleich der Höhepunkt seiner eigenen, persönlichen Entwicklung.

Der Satz, aus dem dieses Buch entstanden ist

Gerhard Raspé ist Mitglied im Vorstand eines Chemiekonzerns, der auf der ganzen Welt tätig und bekannt ist. Und er ist im Wissenschaftsrat der deutschen Bundesregierung. Auch mein Doktorvater gehört diesem Gremium an und fragt mich nach meinen beruflichen Plänen. Ich will in die Industrie gehen. Durch diesen Kontakt bekomme ich als Berufsanfänger eine ungewöhnliche Startchance: ein Vorstellungsgespräch bei einem Konzernvorstand.

Raspé steckt mich in eine zentrale Konzernabteilung und lässt mich alle paar Monate zu einem kurzen Gespräch zu sich kommen. Er will sehen, wie dieser junge Mann sich so entwickelt. Irgendwann wird bekannt, dass er schwer krank ist. Er hat eine unheilbare Blutkrankheit. Über die Pharmasparte des Konzerns veranlasst er noch einen großen Fachkongress. Experten aus Kliniken und Speziallabors vieler Länder sollen über seine Krankheit beraten. Wenige Wochen vor diesem Kongress stirbt er.

Er war ein ganz besonderer Mensch. Seinen Tod kann ich heute so einordnen, wie es der Schriftsteller Ernst Jünger (1895–1998) an seinem eigenen 100. Geburtstag ausdrückt: „Niemand stirbt, bevor er nicht seine Lebensaufgabe erfüllt hat", und indem er auf sich selbst zeigt, fügt er schmunzelnd hinzu: „Aber manch einer lebt ein bisschen länger." Raspé hat seine Lebensaufgabe erfüllt. Deshalb darf er sterben. Vielleicht wird er woanders dringender gebraucht.

Bei einem Termin, den ich bei ihm habe, spüre ich, dass es der letzte ist. Sein großes, helles Zimmer im obersten Stockwerk der Zentralverwaltung ist außergewöhnlich eingerichtet und mit edler Kunst geschmückt. Als ich eintrete, erhebt er sich langsam und schwankend von seinem Schreibtischstuhl und kommt mir entgegen. Ich erschrecke bis ins Mark. Es ist, als ob der Tod persönlich mir entgegenkäme. Raspé ist von schmächtiger Gestalt und besteht nur noch aus Haut und Knochen.

Er bittet mich, in der Sitzecke Platz zu nehmen, lächelt mich liebevoll und väterlich an, und sagt nur: „Dann erzählen Sie mal, Herr Berger." Was soll ich einem dem Tod Geweihten erzählen? Ich stehe am Anfang meiner Karriere und habe das Leben vor mir. Mit dem Tod bin ich noch nie in Berührung gekommen. Den Kriegstod meines Vaters vor meiner Geburt habe ich nicht erlebt. Meine Großeltern und Urgroßeltern leben noch. Ich bin noch nie auf einer Beerdigung gewesen. Jeder weiß, dass alles Leben irgendwann einmal mit dem Tod endet. Jener Augenblick konfrontiert mich zum ersten Mal mit dieser Erkenntnis.

Die Situation überfordert mich total. Ich kann ihn nicht fragen, wie es ihm geht. Das sieht jeder. Ich kann ihm keine gute Besserung wünschen. Er weiß, dass es keine Besserung gibt. Ich kann ihn nicht nach dem Tod fragen. Schon sein Anblick löst Todesangst in mir aus. Und ich bin zu unreif, um meine Betroffenheit offen auszudrücken.

Ich überspiele meine Unsicherheit und erzähle von meinen Erfolgen: Welche Projekte wir vorzeitig und erfolgreich beendet haben. Welche Prozesse wir optimiert haben, so dass Unterbrechungen in Zukunft ausgeschlossen sind. Wo wir dem Unternehmen hohe Kosten eingespart haben. Und immer wieder, wie viel Geld wir für das Unternehmen hier und da und dort verdient haben. Raspé hört hin und lächelt zu allem gütig. Das verunsichert mich noch mehr. Ich übertreibe deshalb die Erfolge, Kosteneinsparungen und das viele verdiente Geld wohl auch noch.

Plötzlich trifft ein Erkenntnisblitz meinen Geist. Schlagartig wird mir klar, welch dummes Zeug ich hier einem Mann erzähle, der nur noch wenige Tage oder Wochen zu leben hat. Das alles kann ihn doch nicht mehr interessieren. Und worüber er vielleicht gern mit mir gesprochen hätte, ahne ich nicht. Ich höre auf zu reden, sage nur noch: „Das war's, Herr Raspé", und lehne mich mit einem inneren „Es ist vollbracht" im Sessel zurück.

Raspé schaut mich mit liebevollem Lächeln lange an – sehr, sehr, sehr lange. Und dann sagt er den Satz, den ich erst Jahrzehnte später verstehe. Mit diesem Satz legt er einen Samen in mein Bewusstsein, der erst viel später aufgeht und mein Leben verändert. Er schenkt mir den Satz, aus dem heraus das Buch entstanden ist, das Sie gerade in der Hand halten: „Herr Berger", sagt er, „es kommt nicht darauf an, was wir verdienen mit dem, was wir tun. Es kommt allein darauf an, wer wir werden mit dem, was wir tun."

Kommen Sie dazu, ganz anders zu sein?

Wer Sie werden wollen, können Sie erst entscheiden, wenn Sie wissen, wer Sie sind – wenn Sie sich Ihrer Identität bewusst sind. Der Philosoph Georg W. F. Hegel definiert Identität als den „mit sich selbst identischen Unterschied". In modernen Lexika steht es verständlicher: Identität ist die Übereinstimmung von etwas mit sich selbst.

Wenn Sie als einzelner mit anderen effizient kommunizieren wollen, bedarf das einer Voraussetzung: Sie sollten sich Ihres eigenen Selbstverständnisses bewusst sein, wissen wer Sie sind und was Sie von Ihrem Gegenüber unterscheidet. Das gilt auch für die unternehmerische Kommunikation in der Öffentlichkeitsarbeit und in der Werbung. Es gilt für die staatliche Kommunikation in der Selbstdarstellung der Führung, in Pressekonferenzen und in der Diplomatie.

Unternehmen sind maßgeblich bestimmt von dem, was die hierarchische Spitze glaubt, denkt und will. Wie bei jedem Einzelnen bestimmt auch beim Unternehmen das Selbstbild im Kopf das Sein – bewusst oder unbewusst. Diejenigen Unternehmen sind besonders erfolgreich, die ein klares Selbstverständnis haben, die ihre Identität gefunden haben und sich ihrer bewusst sind. Identität entwickelt sich im Spannungsfeld zwischen vier Polen:

- demjenigen, als der Sie sich sehen;

- demjenigen, als den andere Sie sehen;

- demjenigen, den Sie anderen vorspielen und

- demjenigen, den andere Ihnen spiegeln.

„Ich bin eigentlich ganz anders, aber ich komme so selten dazu", sagt der Schriftsteller Ödön von Horváth (1901–1938) zu diesem Spannungsfeld.

Der Spannungsbogen zwischen Selbstbild und Fremdbild ist bei allen individuellen und sozialen Prozessen bedeutsam. Für Unternehmen, Organisationen, Staaten und Kulturen geht es dabei auch um die Beziehung zwischen der „Personal Identity" – der Identität ihrer Mitarbeiter, Mitglieder oder Bürger – und der „Corporate Identity" – der Identität des Ganzen.

Wenn Sie als Mitarbeiter ganz anders sind als das Unternehmen, in dem Sie arbeiten, können Sie sich nicht wohl fühlen. Wenn Sie als

Vorgesetzter ganz anders sind als der Bereich, dem Sie vorstehen, wird es knirschen. Wenn Führungspersönlichkeiten glaubwürdig und konsequent sind, gestalten sie das äußere Image nach der inneren Identität ihres Unternehmens. Im Hinblick auf die Marktkapitalisierung börsennotierter Unternehmen wurden Führungsqualität und Charisma von Vorstandsvorsitzenden sogar quantifizier- und bewertbar.

Die Quellen der Identität einer Führungskraft sind von großer Bedeutung. Nicht aufgrund professioneller Anforderungen, sondern aufgrund der inneren Gewichte und des Orientierungsrahmens beeinflussen und prägen sie ihre Umgebung. Als Vorgesetzter ziehen Sie Mitarbeiter an, die mit Ihnen in Resonanz sind. Als Mitarbeiter werden Sie nur dort eine befriedigende Arbeitsumgebung vorfinden, wo Sie mit der Führung in Resonanz sind.

Die zentralen Fragen in diesem Zusammenhang lauten:

■ Wohin gehören wir?

■ Mit wem teilen wir die Dinge des Lebens?

■ Mit wem verbindet uns ein Gefühl von Gemeinschaft?

■ Wer wollen wir sein?

Die Globalisierung, der fast alle Unternehmen ausgesetzt sind, erschwert es uns zu wissen, wer wir sind, wohin wir gehören und wer wir werden wollen.

Es gibt Vorgesetzte, die mit ungewöhnlichen Methoden herauszufinden versuchen, ob Bewerber, die bei ihnen arbeiten wollen, zu ihnen passen: Der Inhaber eines kleinen Unternehmens lässt Bewerber zehn Minuten warten. In dieser Zeit geht er zum Gästeparkplatz und schaut in ihr Auto. Wenn es dort nicht einladend aussieht, ist der Bewerber durchgefallen, denn – so meint es der Chef – das Innere des Autos offenbart das Innere des Menschen.

Eine große Wirtschaftsprüfungsgesellschaft beginnt Bewerbungsprozeduren mit einer Essenseinladung. Auch der Partner oder die Partnerin wird dazu eingeladen. Dabei gibt es später nie repräsentative Verpflichtungen, wo das Paar gemeinsam auftreten müsste. „Wenn ich sehe, mit wem jemand zusammenlebt, weiß ich mehr über ihn, als in allen Zeugnissen steht", sagt der Senior der Sozietät.

Ein Personalvermittler arbeitet ähnlich: Leute, die er vermitteln möchte, sucht er zu Hause auf. „Die Wohnung verrät mehr über einen Menschen als alle psychologischen Tests", erklärt er. Und das bedeutet: Ihr Umfeld ist ein Spiegel, in dem Sie sich sehen können und der anderen zu erkennen gibt, wer Sie sind.

Stellen Sie sich vor, Sie hätten einen Zauberstab, der Ihr Umfeld schlagartig ändert und alle Wünsche erfüllt: Das Innere Ihres Autos ist so, dass der oben erwähnte Unternehmer Interesse an Ihnen hat. Ihr Partner macht Sie für die Wirtschaftsprüfungsgesellschaft interessant. Ihre Wohnung offenbart dem Personalvermittler, dass Sie der richtige Mitarbeiter sind.

Hand auf Herz: Ist es das, was Sie wirklich wollen? Wahrscheinlich spüren Sie intuitiv, dass es nicht funktionieren kann, wenn Sie nur Ihr Umfeld - Ihren Spiegel - austauschen. Denn wenn Sie es tatsächlich tun, sind Sie nicht mehr da. Vielleicht sind Sie nicht der Mensch, der sich in einem derart veränderten Umfeld spiegelt.

Wenn Sie aber dieser veränderte Mensch sind, brauchen Sie den Zauberstab nicht. Ziehen Sie sich anders an, dann sehen Sie das im Spiegel. Sind Sie ein anderer Mensch, dann werden Sie das auch im Spiegel sehen: in Ihrem Umfeld. Ihr Umfeld spiegelt Ihren gegenwärtigen Standort - den gegenwärtigen Stand Ihrer Entwicklung. Wenn Sie sich ändern, ändert sich Ihr Umfeld quasi automatisch mit, meistens mit einer gewissen zeitlichen Verzögerung.

Welchen Wolf füttern Sie?

Wenn Sie Ihr Leben, Ihre Überzeugungen, Ihre Gewohnheiten von innen her neu ausrichten, wählen Sie zugleich auch neue äußere

Lebensumstände – ein verändertes Umfeld. Natürlich kann es auch umgekehrt sein: Sie beginnen nicht mit der „Innenarbeit", aus der sich dann eine neue äußere Welt ableitet, sondern äußere Umstände werfen Sie um. Viele Menschen jammern über ihr Missgeschick und suchen die Schuld woanders. Dieser Glaube führt dazu, dass sie die Möglichkeiten nicht sehen, die ihnen zur Verfügung stehen, um die Welt dort zu gestalten, wo sie stehen.

In stabilen Zeiten hat alles seinen festen Platz. In solchen Zeiten gibt es wenig Spielraum für Veränderungen. In Übergangszeiten – und in einer solchen Zeit leben wir – werden die Würfel neu gemischt. Wenn die Umstände sich ändern, kommen besondere Herausforderungen auf uns zu. Das ist wie in der Schule: Nachdem wir in eine höhere Klasse versetzt worden sind, wird der Stoff anspruchsvoller. Es liegt an jedem von uns, ob er oder sie sich versetzen lassen will.

Wenn Sie auf ein höheres Niveau gelangt sind, können Sie Ihre Vorgesetzten, Kollegen oder Mitarbeiter dabei unterstützen, Ihnen zu folgen. Gelingt Ihnen das, haben Sie Ihr gesamtes Unternehmen auf die neue Zeit vorbereitet. Jetzt fehlt Ihnen nur noch eine praktische Hilfe: Wie können Sie die Versetzung in die höhere Klasse unserer Lebensschule tatsächlich erreichen? Auch das ist sehr einfach.

Ein Indianerhäuptling vom Stamm der Cherokee belehrt seine Enkelkinder über das Leben. Wir alle könnten seine Enkelkinder sein: „Ein Kampf findet in meinem Inneren statt", sagt er. „Es ist ein fürchterlicher Kampf: Da kämpfen zwei Wölfe miteinander.

Ein Wolf repräsentiert Furcht, Ärger, Neid, Sorgen, Bedauern, Gier, Arroganz, Selbstmitleid, Minderwertigkeit, Schuld, Vorurteile, Lügen, Stolz und Überheblichkeit. Und der andere Wolf steht für Freude, Frieden, Liebe, Hoffnung, Anteilnahme, Gelassenheit, Menschlichkeit, Freundlichkeit, Wohlwollen, Einfühlungsvermögen, Freundschaft, Großzügigkeit, Wahrheit, Mitgefühl und Vertrauen. Dieser Kampf findet in jedem Menschen statt – auch in dir."

Die Kinder denken darüber nach. Dann fragt eines von ihnen den Häuptling: „Und welcher Wolf wird gewinnen?" Der alte Häuptling antwortet: „Es wird der gewinnen, den ich füttere."

Und jetzt gebe ich Ihnen eine kleine Hilfe zum Füttern Ihres „Wolfs": Nehmen Sie bitte ein Blatt Papier zur Hand. Notieren Sie die Namen von Personen, die so sind, wie Sie auf keinen Fall sein wollen. Sie können als Überschrift „Abschreckende Beispiele" darüber schreiben. Auf einem anderen Blatt notieren Sie bitte die Namen von Personen, die so sind, wie Sie gern sein möchten. Sie können sie unter der Überschrift „Meine Vorbilder" zusammenfassen.

Schauen Sie sich das Blatt mit den abschreckenden Beispielen an und überlegen Sie, was diese Menschen so anders macht, als Sie sein möchten. Übersetzen Sie diese Unterschiede bitte in zentrale Eigenschaften – in Eigenschaften, die Sie auf keinen Fall haben möchten. Notieren Sie das Ergebnis Ihrer Überlegungen auf dem Papier.

Tun Sie bitte das Gleiche mit den Vorbildern. Überlegen Sie, was Sie an diesen Menschen so fasziniert, dass Sie diese Eigenschaften auch gern haben möchten. Notieren Sie das Ergebnis dieser Überlegungen ebenfalls auf dem Papier.

Wenn die Menschen, die in einem Unternehmen arbeiten, den gleichen Wolf füttern, funktioniert die Zusammenarbeit. Ich zeige Ihnen jetzt zunächst, wie Sie für sich persönlich Ihren „inneren Wolf" so füttern können, dass Sie durch das, was Sie tun, der werden können, der Sie tatsächlich werden wollen. Anschließend übertragen wir diesen Prozess auf das ganze Unternehmen. Auch dazu können Sie einen Anstoß geben und damit Ihre eigene Zukunft und die Zukunft Ihrer Vorgesetzten, Kollegen oder Mitarbeiter sichern.

Neue Bauaufträge für das Gehirn

Viele Menschen glauben, sich mit mehr materiellen Gütern Freiheit und Glück kaufen zu können. Das Wachstum der Wirtschaft ist ein großer Fetisch – ein Götzenbild. Unser Körper und unser Kopf sind Plattformen für Veränderungen, welche die von uns geschaffene Umwelt uns abverlangen. Die Neurologie stellt gerade fest, dass die Gehirnarchitektur vieler Menschen umgebaut wird. Vor allem bei jüngeren Menschen entstehen neue Verschaltungen der Neuronen (der Moleküle im Gehirn). In der menschlichen Evolution gab es mehrfach solche Entwicklungsschübe. Jedes Mal kündigten sich damit große Veränderungen an.

Innovationen entstanden im Laufe der Evolution nicht im Zuge eines kontinuierlichen Werdens, sondern als Folge von Umbau-Schüben der Erbanlagen. Diese Schübe waren immer Reaktionen auf globale Bedrohungen. Schwere Stressfaktoren löschen eine Spezies entweder aus oder stoßen eine schubartige genetische Veränderung an.

Der Mensch ist auf solche Veränderungen besser vorbereitet als andere Lebewesen. In seinen Zellkernen warten 97 Prozent inaktive Ressourcen-DNA auf ihre Aktivierung. In allen Kulturen werden seit einigen Jahrzehnten Kinder geboren, die genetisch und neurologisch bereits andere Menschen sind als die meisten vor ihnen Geborenen.

Wegen der andersfarbigen Aura, die sie haben, werden sie Indigo-Kinder genannt. Diese Kinder und Jugendlichen haben eine überdurchschnittliche Intelligenz, eine große Emotionalität und Herzenswärme. Ihr Denken ist so schnell, dass sie uns wie in Zeitlupe erleben. Das kann zu Unruhe und Langeweile zum Beispiel in der Schule führen. Es ist tragisch, wenn Eltern und Lehrer diese „Juwelen" nicht erkennen und nicht angemessen auf sie eingehen.

Die Stressfaktoren sind in vielen armen Ländern existenzieller Art – es geht ums nackte Überleben. Trotzdem fand die Glückforschung heraus, dass die Menschen dort oft glücklicher sind als die in den reichen Industriestaaten. Die Menschen in Ländern mit hohem Lebensstandard sind überwiegend gar nicht glücklich. An die Stelle der alten Zwänge sind neue getreten. Viele erleben die Umstände, unter denen sie arbeiten müssen, als quälend – nicht mehr körperlich, aber emotional und mental.

Manche Menschen, die über unbegrenzte finanzielle Möglichkeiten verfügen, versuchen ihrem Leben durch unbegrenzte Vergnügungen einen Sinn zu geben und scheitern damit immer wieder aufs Neue. Das war so bei der Elite des Römischen Reiches, die mitsamt ihrem Reich unterging. Und es ist heute so mit den Eliten der Finanzwirtschaft, die die Welt beherrschen. Auf den extremen Druck, der disziplinierte Arbeit fordert, folgt ebenso eine innere Leere, wie auf das grenzenlose Ausleben von Lust. Profit (vom lateinischen „profiteri") bedeutet ursprünglich „bekennen". Wir haben die Bedeutung verdreht, und damit unsere Seele verkauft. Wo alles käuflich ist, ist auch alles verkäuflich.

Geld ist das Maß aller Dinge geworden, dem sich Mensch und Natur unterzuordnen haben. Damit ist das Geld nicht für die Menschen da – die Menschen sind für das Geld da. Wir sind Sklaven eines Systems geworden – und damit Sklaven von Regeln, denen wir uns mehr oder weniger freiwillig unterwerfen.

Haben Sie auch in der Schule gelernt, wie Sie mit Chemikalien Materie verändern können? Sie können Substanzen auflösen oder in etwas anderes verwandeln. Weil unser Weltbild so sehr auf die Materie ausgerichtet ist, haben wir eine ebenso wirksame Form der Veränderung von Materie nicht erfahren: durch die Einwirkung von Energie. Der Maschinenbauer Wolfgang Schneider geht abends durch seinen Betrieb und spricht mit seinen Maschinen. Viele konkrete Beispiele haben mich gelehrt, dass auch Maschinen auf unsere Gedanken reagieren. Sogar Ihrem Auto wird es nicht viel Freude bereiten, wenn Sie es nicht mögen. Die Quelle jeder Veränderung von Umständen ist Bewusstsein. Erst danach kommen Ideen und Konzepte.

Stellen Sie sich vor, Sie sind ein Langstreckenläufer und haben sich entschieden, an einem Wettlauf teilzunehmen. Die Regeln dieses Rennens sind brutal: Am Schluss bekommt einer die Goldmedaille und alle anderen verhungern. Auch als Zweiter ins Ziel zu gelangen, nützt nichts. Der Sieger erhält eine hohe Prämie: 100 Jahre lang – wenn er sich so viel Zeit nehmen will – bekommt er alles, was er will, was er braucht und was gut für seine Entwicklung ist. Und stellen Sie sich vor, dass Sie gegen eine Million Mitläufer antreten und – als erster am Ziel sind.

Bei Ihrer Zeugung rannten ungefähr eine Million Spermien Ihres Vaters zu dem Ei Ihrer Mutter um die Wette, um es zu befruchten. Und Sie haben gewonnen! Neun Monate vor Ihrer Geburt haben Sie an genau diesem Rennen teilgenommen und die Goldmedaille gewonnen. Das war damals Ihre Mission. Sie wollten leben und Sie leben. Sie sind ein Sieger!

Was ist heute Ihre Mission?

Bleiben Sie Sieger! Stellen Sie sich im ersten Schritt dazu eine Lebensaufgabe und formulieren Sie Ihre Mission. Ihre Mission dient Ihnen als Schwert. Sie zerschlägt, was ablenkt. Sie bringt Ihre Entscheidungen und Ihre Handlungen in Einklang und richtet sie auf ein Ziel aus. Sie filtert Ihr Tun und zieht an wie ein Magnet. Menschen mit einer Mission haben schon immer die Führung von Menschen ohne Mission übernommen.

Eine wirksame Mission besteht aus einem Satz. Dieser Satz ist klar, inspirierend und aufregend. Er versprüht einen ansteckenden Enthusiasmus und programmiert Ihr Unterbewusstsein. Er passt zu Ihnen, Ihren Fähigkeiten und Stärken. Er bringt die Werte zum Ausdruck, um die es Ihnen geht und die Ihnen wichtig sind.

Auch ein zwölfjähriges Kind versteht diesen Satz. Sie können ihn jederzeit auswendig sagen. Auch dann, wenn jemand Sie nachts aus dem Schlaf weckt und danach fragt. Ihr Lebenswerk als Anliegen Ihres Herzens kommt darin zum Ausdruck. Wenn Sie Ihre Mission leben, erfüllt sich der Sinn Ihres Lebens.

Formulieren Sie Ihre Mission sehr konkret und mit vollkommener Klarheit. Nur was klar und direkt gesagt wird, ist kraftvoll. Formulieren Sie mutig, entschlossen und verzichten Sie dabei auf „nicht", „ohne" oder „kein". Das sind Wörter, die Ihr Unterbewusstsein übersieht. Dann serviert es Ihnen genau das, was Sie vermeiden wollen. Wenn Sie keine Krankheit wollen, bekommen Sie eine Krankheit und nicht etwa Gesundheit. Wenn Sie ein Leben ohne Geldsorgen wünschen, bekommen Sie Geldsorgen und nicht etwa materielle Fülle.

Formulieren Sie, ohne sich von Konventionen einschränken zu lassen. Nur die Freiheit von Zwängen und Rücksichten gibt Ihnen die Kraft, die Sie brauchen. Die Verwirklichung Ihrer Mission erfordert Taten. Taten drücken sich durch Verben aus. Malen Sie mit Worten ein Bild, in dem sich Ihre Mission bereits erfüllt hat. Also nicht: „Ich finde einen Arbeitsplatz, wo mein Können anerkannt wird." Das kann ewig dauern. Sondern: „Durch mein Können habe ich einen guten, neuen Arbeitsplatz gefunden."

Notieren Sie drei wunderbare Konsequenzen, die durch Ihre Mission geschehen werden – und zwar so, als ob sie schon geschehen wären. Spüren Sie, wie dabei Energie in Ihnen aufsteigt? Sind Sie aufgeregt? Wenn nicht, ist es noch nicht Ihre Mission. Dann suchen Sie weiter. Wenn Sie aufgeregt sind, haben Sie's wahrscheinlich gefunden. Dann wird auch der Weg aufregend sein, der jetzt vor Ihnen liegt.

Bevor Sie für sich selbst ans Werk gehen, nachfolgend die Missionen einiger bekannter Staatslenker:

- Jeanne d'Arc d'Orléans: Wir siegen über England.

- Abraham Lincoln: Die Sklaverei ist abgeschafft.

- Mahatma Gandhi: Indien ist unabhängig.

- Charles de Gaulle und Konrad Adenauer: Die Völker Europas leben in Frieden.

- Lech Walesa: Die polnischen Arbeiter sind frei.

- Nelson Mandela: Die Apartheid ist überwunden.

- Evo Morales: Die Reichtümer Boliviens gehören meinem Volk.

Und hier einige Missionen von Unternehmern, die ich kenne:

- Wir backen das beste Brot in der Region. (Firma Kloos)

- Wir sind der beste Malerbetrieb Deutschlands. (Firma Wohnen und Leben)

- Wir sind Marktführer bei Reinräumen. (Firma Nerling)

- Wir sind als Cloud Computing Experten gefragt wie kein anderer. (Firma BOSTER)

- Wir fördern transzendenzoffene Forschung. (VIA MUNDI)

- Wir spielen den attraktivsten Fußball. (Borussia Dortmund 2012)

Auch Gruppen von Menschen mit ganz verschiedenen alltäglichen Anliegen können die Welt verändern, wenn sie sich unter einer kraftvollen Mission sammeln. Beispiele hierzu:

- Wir sind das Volk. (Montagsdemonstranten in Leipzig 1989)

- Wir sind ein Volk. (Demonstranten in der DDR nach Öffnung der Mauer 1990)

- Rettet den Regenwald! – Oro Verde (Die Tropenwaldstiftung rettet Regenwälder.)

- Für eine nachhaltige, gerechte und glückliche Welt. („The Patchamama Alliance" ist die Lobbyorganisation der Natur.)

- Gemeinwohlökonomie – Ein Wirtschaftsmodell mit Zukunft. (Die GWÖ propagiert das Wirtschaftsmodell der Zukunft.)

- www.lust-auf-neues-geld.de (Geld soll dem Menschen dienen, nicht der Mensch dem Geld.)

Sind Sie Ihr eigener Radar?

In einem Brief an einen jungen Dichter-Kollegen schreibt der Lyriker Rainer Maria Rilke: „Sie sind so jung, so vor allem Anfang, und ich möchte Sie, so gut ich es kann, bitten, lieber Herr, Geduld zu haben gegen alles Ungelöste in Ihrem Herzen und zu versuchen, die Fragen selbst liebzuhaben wie verschlossene Stuben und wie Bücher, die in einer sehr fremden Sprache geschrieben sind. Forschen Sie jetzt nicht nach den Antworten, die Ihnen nicht gegeben werden können, weil Sie sie nicht leben könnten. Und es handelt sich darum, alles zu leben. Leben Sie jetzt die Fragen. Vielleicht leben Sie dann allmählich, ohne es zu merken, eines fernen Tages in die Antwort hinein."

Ob Sie Schlosser oder Krankenpfleger sind, Reinigungskraft oder Lokomotivführer, Lehrer oder Handwerker, Verwaltungsbeamter oder Kassierer, Ingenieur oder Landwirt, Forscher oder Arbeiter am Fließband, Unternehmer oder Führungskraft: Wenn Sie Ihre Fragen leben, leben Sie – ohne es zu merken – in die Antworten hinein. Sie laufen keiner Karotte nach, sondern gehen in ihrer Lebensaufgabe auf. Sie leben für Ihre Mission.

Jetzt beginnen Sie bitte mit Entwürfen für Ihre Mission – Ihre Lebensaufgabe, so wie Sie sie heute sehen. Ich empfehle Ihnen, täglich immer nur eine Viertelstunde darauf zu verwenden. Dann schlafen Sie eine Nacht darüber. Sie können Ihren Entwurf neben Ihr Bett legen. Vielleicht wachen Sie nachts auf und haben eine zündende Idee dazu. Vielleicht kommt Ihnen die richtige Idee unter der Dusche oder bei einem Spaziergang. Nehmen Sie sich für diesen Prozess mindestens eine Woche Zeit. Wenn Sie wollen, auch mehr.

Als Anregung wähle ich bewusst kein Beispiel aus der Arbeitswelt, um Sie nicht auf eine Fährte zu locken, die vielleicht nicht Ihre ist. Denken Sie unbeeinflusst von mir darüber nach. Beispiele von Anna Funke bis Gerhard Raspé haben Sie kennengelernt. Als Anregung zeige ich Ihnen, wie der Dichter Jorge Bucay (geb. 1949) sich auf eine Mission vorbereitete, die seine Partnerschaft betraf:

„Ich will, dass du mir zuhörst, ohne über mich zu urteilen.

Ich will, dass du deine Meinung sagst, ohne mir Ratschläge zu erteilen.

Ich will, dass du mir vertraust, ohne etwas zu erwarten.

Ich will, dass du mir hilfst, ohne für mich zu entscheiden.

Ich will, dass du für mich sorgst, ohne mich zu erdrücken.

Ich will, dass du mich siehst, ohne dich in mir zu sehen.

Ich will, dass du mich umarmst, ohne mir den Atem zu rauben.

Ich will, dass du mir Mut machst, ohne mich zu bedrängen.

Ich will, dass du mich hältst, ohne mich festzuhalten.

Ich will, dass du mich beschützt, ohne Hintergedanken.

Ich will, dass du dich mir näherst, doch nicht als Eindringling.

Ich will, dass du all das kennst, was dir an mir missfällt.

Ich will, dass du es akzeptierst und nicht versuchst, mich zu ändern.

Ich will, dass du weißt, dass du heute auf mich zählen kannst – ohne eine Bedingung."

Als Spiegel schauen Sie sich Ihre Antworten auf die vielen Fragen an, über die Sie schon nachgedacht haben. Vielleicht hilft es Ihnen, wenn ich Ihnen von dem Hund erzähle, der einmal in einen Spiegel schaute:

Der Tempel der Spiegel war unscheinbar und lag auf der Spitze eines Berges in China. Eines Tages kam ein Hund in diesen Tempel, in dem abertausende von Spiegeln so aufgestellt waren, dass das eigene Spiegelbild sich tausendfach im Tempel wiederspiegelte.

Der Hund erschrak, bekam Angst, knurrte und fletschte böse die Zähne.

Und tausend Hunde schauten ihm entgegen und knurrten und fletschten böse die Zähne. Der Hund ergriff die Flucht. Von nun an dachte er, dass es auf der ganzen Welt nur lauter böse Hunde gebe, die mit ihm kämpfen und ihn beißen wollten.

Ein paar Tage später kam ein anderer Hund in diesen Tempel. Als er die tausend anderen Hunde sah, da freute er sich, wedelte mit dem Schwanz, sprang herum, und tausend andere Hunde freuten sich, wedelten mit dem Schwanz und spielten mit ihm.

Dieser Hund kehrte mit der festen Überzeugung zurück, dass es auf der ganzen Welt nur lauter freundliche Hunde gebe, die mit ihm spielen wollten.

Entscheiden Sie sich also zuerst, wie Sie in Ihren Spiegel schauen wollen. Und so eingestimmt beginnen Sie mit den Entwürfen für Ihre Mission – für den Grund, weshalb es Sie jetzt hier gibt. Sie können zufrieden sein, wenn Ihre Entwürfe sieben Kriterien erfüllen:

1. positiv   (kein „um zu", kein Vermeiden)

2. erreichbar   (als Möglichkeit)

3. anziehend   (wie ein Magnet)

4. identifizierend   (ich will dazu gehören)

5. energetisierend   (das macht mich stark)

6. inspirierend   (das ‚törnt mich an')

7. dynamisch   (die Erfüllung ist kein „Schlusspunkt")

Es gibt keinen zweiten Menschen, der Ihre Mission haben kann. Wenn Sie Ihren Lebensauftrag nicht erfüllen, wird es niemand tun. Sie können sich deshalb mit anderen besprechen und sich unterstützen lassen. Aber bitte übernehmen Sie nichts von jemand anderem. Es muss aus Ihrem Herzen fließen, einzig und allein aus Ihrem Herzen.

Der japanische Mediziner Emoto Masuru (geb. 1943) lässt Wasser gefrieren und vergrößert die Kristalle, die sich dann bilden. Keine zwei Kristalle sind identisch. Die Form der Kristalle – ihre Schönheit oder auch Disharmonie – hängt von den Gedanken ab, mit denen die experimentierende Person die Wasserschale „imprägniert". Jedes Wasserkristall und jede Schneeflocke ist einmalig. Ihr Blut besteht zu 90 Prozent, Ihr Körper zu 70 Prozent aus Wasser. Auch Sie sind einmalig. Ihre Mission ist allein Ihre. Sie können sie mit niemandem teilen. Niemand außer Ihnen kann sie erfüllen.

Der hohe Wasseranteil in uns ist bedeutsam. Wasser hat einzigartige physikalische Eigenschaften: Alle Flüssigkeiten werden dichter, wenn sie sich abkühlen, nur Wasser erreicht den dichtesten Zustand bei vier Grad Celsius und kann dann mit keiner Kraft der Welt in ein noch kleineres Volumen gepresst werden. Wasser besteht aus Wasserstoff und Sauerstoff. Wasserstoff wird bei Kühle aktiv und verbindet sich mit dem dann passiven Sauerstoff zu einer Levitationskraft, die sich zusammenzieht und der Gravitation entgegenwirkt. Wasser verbindet uns mit dem Himmel.

Bill Gates (geb. 1955), Gründer der Firma Microsoft und lange Zeit der reichste Mann der Welt, lässt das Wasser in sich mit Hilfe seiner Mission zum Himmel aufsteigen: Als er Mitte vierzig ist, fragt ihn jemand nach dem Sinn der Welt. Er hält kurz inne und antwortet spontan: „Damit es mich jetzt hier gibt".

Ob Sie ihm glauben oder nicht – es ist nicht wichtig, dass seine Existenz allein der Sinn der ganzen Schöpfung sein soll. An seiner Antwort ersehen Sie, was sein Glaube bewirkt. Sollten Sie auch überzeugt sein, dass Gott die ganze Welt nur geschaffen hat, damit Sie jetzt Ihre Mission auf Erden erfüllen, werden Sie wohl in Bill Gates' Spuren wandeln.

Nachdem Sie wissen, was Sie wirklich, wirklich, wirklich mit Ihrem Leben anfangen wollen, reden Sie mit vielen Leuten darüber. Probieren Sie aus, ob es Ihnen gelingt, andere damit anzustecken. Machen Sie sich damit für Ihr Umfeld sichtbar. Sie werden staunen: Allmählich erhalten Sie wie von selbst – aus Ihrem Selbst heraus – Unterstützung von vielen Seiten. Jetzt ist der Augenblick gekommen, wo Sie in den Spiegel schauen und sich selbst auf die Schultern klopfen können: „Gut gemacht! Glückwunsch!"

Die wichtigste Veränderung wird Ihre Wahrnehmung sein: Vielleicht erinnern Sie sich an den Kauf Ihres letzten neuen Autos (auch wenn es schon gebraucht war)? Plötzlich sehen Sie auf der Straße ganz viele Autos dieser Marke, die vorher gar nicht da waren. Barbara Fittipaldi beschreibt dieses Phänomen in ihrem Buch „When the Canary Stops Singing" (dt.: Wenn der Kanarienvogel nicht mehr singt):

„Haben Sie schon einmal bemerkt, dass Sie jedes Mal, wenn jemand beginnt etwas zu sagen, bereits einen Eindruck davon haben, was das sein wird? Wir hören wie ein Radar. Ein Radar ist eine Art Antenne. Er arbeitet selektiv und lokalisiert ausschließlich feste Objekte. Was er aber nicht mitbekommt ist der Wind, weil die Radarwellen vom Wind nicht zurückgeworfen werden.

So wie ein Radar fischen auch wir uns immer nur das heraus, für dessen Aufnahme wir konstruiert sind. Der Radar – und wir – funktionieren wie ein Sieb, das unbesehen hindurch lässt, was vom Gitter nicht festgehalten wird. Und wenn jemand etwas Neues sagt, das nicht mit dem übereinstimmt, was wir bereits wissen, bleiben wir zurück mit einer erweiterten Fassung dessen, was wir bereits wissen. Das kann zur Verbesserung dessen führen, was schon da ist, nicht aber zu einem Durchbruch zu ganz neuen Möglichkeiten und Innovationen."

Wollen Sie in Ihrem Unternehmen einen Prozess anstoßen, der einen Durchbruch auslöst? Etwas, was jenseits von dem liegt, was Sie sich bisher haben vorstellen können? Ein solcher Prozess erweitert Ihre Wahrnehmungsfrequenzen. Er unterstützt Sie dabei, Ihre Mission in Realität zu verwandeln.

9.

DAS ELFTE GEBOT:
DU SOLLST NICHT SCHWEIGEN!

D er erste Buchstabe unseres Geheimcodes für artgerechte Menschenhaltung – **O**HM – steht für offen: es gibt keine Tabus. Der zweite für human: für freie und selbstbewusste Menschen, die ihrer Bestimmung folgen. Das *M*, der dritte Buchstabe, um den es in diesem Kapitel geht, steht für mutig. Um artgerechte Menschenhaltung im Unternehmen zu verwirklichen, muss jeder über seinen Schatten springen – jeder Vorgesetzte und jeder Mitarbeiter. Es erfordert Mut zu sagen, was wir sehen und was wir wissen.

Im Jahr 2006 wurde das Buch „The Biology of Belief" („Intelligente Zellen") des Zellbiologen Bruce H. Lipton in den USA als bestes naturwissenschaftliches Buch ausgezeichnet. Lipton zeigt, dass nicht unsere Gene das Leben bestimmen, sondern unsere Überzeugungen. Sie wirken bis in jede einzelne Zelle unseres Körpers hinein und beeinflussen unser Verhalten. Das Leben von Einzelnen und von Gruppen wird durch die Verbindung zwischen Geist und Materie gesteuert. Wenn wir unsere Überzeugungen ändern, ändern wir unser Leben.

Im letzten Kapitel haben Sie Ihre Mission – Ihre Lebensaufgabe – formuliert: Sie haben Ihrer Überzeugung Ausdruck verliehen, wie Sie Ihre Zukunft gestalten. Damit sind Sie ab jetzt der Schöpfer Ihrer Zukunft. Es genügt, wenn Sie sich diesen kurzen, prägnanten Satz immer wieder vorsagen, beim Einschlafen, beim Aufwachen und mehrmals im Laufe des Tages. Damit programmieren Sie sich so, wie Sie es jetzt für sich entschieden haben. Diese Programmierung bildet sich in Ihrem Magnetfeld ab.

Sie haben 10^{10} (zehn Milliarden) Gehirnmoleküle – auch Neuronen genannt. Die Zahl sämtlicher Atome im gesamten Universum wird auf 10^{80} geschätzt. Die Zahl der wechselseitigen Verbindungen der Neuronen in Ihrem Gehirn untereinander liegt vermutlich bei 10^{800}. Das ist eine Zahl mit 800 Nullen – ein Ausdruck der Schöpferkraft, mit der Sie die Welt, in der Sie leben wollen, selbst erschaffen.

Die Realität ist für Sie das, was Sie für wahr halten. Und was Sie für wahr halten, ist das, was Sie glauben. Was Sie glauben, ergibt sich aus dem, was Sie suchen. Was Sie suchen, hängt von dem ab, was Sie denken. Also ist Ihre Realität das, was Sie denken. Der Neurobiologe Gerald Hüther drückt es so aus: „Die Seele konstruiert sich das Gehirn." Die Ursache für jedes äußere Geschehen liegt in Ihrem inneren Geschehen.

„Um Herz und Geist eines Menschen zu verstehen, schau nicht auf das, was er schon erreicht hat, schau auf das, wonach er strebt", sagt der Dichter Khalil Gibran (1883–1931). Wonach streben Sie für das Unternehmen, in dem Sie arbeiten?

Wenn Sie den Prozess der Formulierung Ihrer Lebensaufgabe auf Ihr Unternehmen übertragen möchten, springen Sie bitte zuerst über Ihren Schatten: mutig, wie der dritte Buchstabe in „ohm" es Ihnen empfiehlt. Ich begleite Sie wieder Schritt für Schritt. Wenn Sie es ausprobieren, werden Sie die Kraft erleben, die Ihnen auf diesem Weg zufließt. Sie werden erfahren, wie Sie Resonanzfelder um sich und Ihr Umfeld aufbauen können.

Überzeugungen stecken an

Fast jeder ist schon einmal krank gewesen. Deshalb beginne ich mit einem Beispiel aus der Medizin. Der Dichter Voltaire – Freund und Lehrmeister des preußischen Königs Friedrich des Großen – klärte uns auf: „Die Kunst der Medizin besteht darin, den Patienten bei Laune zu halten, während die Natur die Krankheit heilt."

Wir können einen Schritt weiter gehen: Immer heilt der Patient sich mit seiner Gedankenkraft selbst. Wirkstoffe wirken, haben aber den Nachteil von Nebenwirkungen. Homöopathische Medikamente und Placebos (Tabletten ohne jeden Wirkstoff) wirken oft auch und haben keine Nebenwirkungen.

Die Pharmaproduzenten geben deshalb mehr Geld für Werbung als für Forschung aus: Was heilt, ist der Glaube der Patienten, den die Werbung wirksam beeinflusst. Je stärker die wundersame Wirkung eines Mittels in den Medien und in der Werbung angepriesen wird, desto besser wirkt es. Überzeugungen stecken an.

Der Medizinprofessor Peter Yoda berichtet in seinem Buch „Ein medizinischer Insider packt aus" von grauenhaften Studien im Nazideutschland. Eine Gruppe von Menschen bekommt mit Cholera-Bakterien versetztes Wasser zu trinken. Ihnen wird nicht gesagt, dass sie „Versuchskaninchen" sind. Eine zweite Gruppe bekommt ebenfalls Cholera-Bakterien mit dem Trinkwasser. Ihr wird von einem „Unfall" berichtet. Einer dritten Gruppe wird gesagt, sie habe versehentlich Cholera-Wasser getrunken. Das aber stimmt gar nicht.

Alle Menschen der ersten Gruppe überleben. Sie haben von alledem nichts gewusst. Ihr Nichtwissen rettet ihnen das Leben. Alle Menschen der zweiten Gruppe sterben. Sie wissen, dass sie vergiftet worden sind. Dieses Wissen tötet sie, nicht die Cholera-Bakterien. In der dritten Gruppe sterben mehr als die Hälfte der Menschen, obwohl sie überhaupt kein Gift getrunken haben. Ihr Glaube tötet sie.

Das menschenverachtende Experiment bestätigt die Wirkung von Propaganda. Darum ist es den Nazis wohl gegangen. Heute leben wir wieder in einer Zeit voller Grenzsituationen, Instabilitäten und Auflösungsprozessen. Das bringt Gefahren mit sich, kann aber auch die Voraussetzungen für die Entstehung neuer Strukturen schaffen. Wenn Menschen den Glauben an eine gute Zukunft miteinander teilen, bannen diese Überzeugungen die Gefahren und schaffen eine bessere Welt.

Sie ahnen nicht, wie alt Sie sind

Ich weiß, diese Behauptung nehmen Sie nicht ernst. Oder Sie meinen, ich beziehe mich auf das Alter Ihrer Seele, das ich nicht kenne. Nein, ich meine nicht Ihre Seele, sondern Ihren Körper. Wissen Sie überhaupt, wie alt Ihr Körper ist? Ich möchte fast wetten: Sie ahnen es nicht.

Gehen wir Ihre Organe einzeln durch: Ihre Knochen sind höchstens eineinhalb Jahre alt, weil jedes Atom Ihres Skeletts innerhalb eines Jahres ausgetauscht wird. Ihr Gehirn ist ein Jahr alt, weil jedes Atom Ihres Gehirns innerhalb eines Jahres ausgetauscht wird. Ihre Leber ist sechs Wochen alt, weil jedes Atom Ihrer Leber innerhalb von sechs Wochen ausgetauscht wird. Ihre Haut ist einen Monat alt, weil jedes Atom Ihrer Haut innerhalb eines Monats ausgetauscht wird. Ihr Magen ist sogar nur fünf Tage alt, weil jedes Atom Ihres Magens innerhalb von fünf Tagen ausgetauscht wird.

Und warum sehen Sie sich – wenn Sie drei Jahre alte Fotos anschauen – immer noch ähnlich? Warum wissen Sie immer noch Dinge, die Sie vor langer Zeit einmal gelernt haben? Weil Ihre Gedanken haltbarer sind als alle körperliche Materie, die Sie in Ihrem Hautsack mit sich herumschleppen.

Unser körperliches Recycling vollzieht sich zum einen über das, was wir essen und trinken. Wenn Sie während der Woche in der Kantine gemeinsam mit Ihren Kollegen essen, recyceln Sie sich in dieser Beziehung schon im Gleichklang. Nahrung überträgt Information nicht nur über chemische Prozesse, sondern auch über Schwingungsmuster. Das löst ähnliche biologische Prozesse in Ihnen und Ihren Kollegen aus, die Sie einander ähnlicher werden lässt.

Der Biophysiker Fritz-Albert Popp (geb. 1938) weist nach, dass jede lebende Zelle Lichtteilchen ausstrahlt, die er „Biophotonen" nennt. Ein Geigenbogen überträgt nicht mechanische Energie, sondern stimuliert die Schwingung der Saite. In seinem Buch „Die Botschaft der

Nahrung" zeigt Popp, dass auch Nahrung nicht primär Treibstoff ist, sondern Schwingungsimpulse stimuliert.

Zum anderen recyceln Sie sich über die Atmung: Mit jedem Atemzug atmen Sie 10^{22} Atome ein und aus. Das ist eine Zahl mit 22 Nullen – eine unvorstellbar große Menge. Und was atmen Sie in den 40 Stunden ein, die Sie im Betrieb oder Büro sind? Ja klar – zum großen Teil die Atome, die Ihre Kollegen ausgeatmet haben.

Jeder wird also immer mehr zu dem, den seine Kollegen aus ihm machen. So kommt es nach einigen Jahrzehnten zu einem erstaunlichen Phänomen: Am Gesichtsausdruck und an den Augen, an der Haltung und am Gang, an den Armbewegungen und der Art zu reden erkennen wir, in welcher Firma jemand arbeitet. Menschen, die viel Zeit miteinander verbringen, werden sich – ob sie wollen oder nicht – zwangsläufig ähnlicher. Und nicht nur Menschen: Hunden und ihren Haltern sehen wir nach einigen Jahren auch an, dass sie zusammen leben.

Wenn Ihnen also ein Kollege nicht passt, hauchen Sie ihm doch einfach mal ein paar Trilliarden Atome zu, und schon wird er Ihnen ähnlicher. Oder passt er Ihnen vielleicht nicht, weil er Ihnen schon allzu ähnlich ist? Ist es vielleicht in Wahrheit so, dass Sie selbst sich nicht passen?

Wenn Sie auf einem Klavier immer wieder zwei Tasten gleichzeitig anschlagen, die direkt nebeneinander liegen, wird es irgendwann unerträglich. Das ist, als ob Essstäbchen Klavier spielten. Erst wenn Sie Tasten mit einem gewissen Abstand anschlagen, entsteht ein Akkord. Dabei überschneiden sich die Frequenzen der Töne. Sie unterstützen sich gegenseitig und bilden zugleich eine Harmonie.

Die Harmonie ist etwas Drittes, das zu den beiden Tönen hinzukommt. Die Töne bilden und erschaffen die Harmonie und lassen sie in die Welt dringen. Ebenso entsteht zwischen Menschen etwas Neues, wenn sie harmonisch zusammenarbeiten. Etwas, was es vorher nicht gab und was keiner von ihnen allein erschaffen könnte.

Bei der Erzeugung eines Klanges – zum Beispiel durch menschliche Stimmbänder oder durch die Saiten eines Musikinstruments – geschieht nun etwas ganz und gar Wunderbares. Wenn eine Saite schwingt, schwingt nicht nur ihr Grundton, sondern auch die halbe Saite (die nächsthöhere Oktave), sowie $2/3$ der Saite (die Quinte), $3/4$ der Saite (die Quarte), $5/6$ der Saite (die große Terz) und $4/5$ der Saite (die kleine Terz). Die gesamte Tonleiter erklingt, nur eben als Obertonreihe.

Der Obertonbereich ist ein anderer Tonbereich, der mitschwingt und den wir mit den Ohren nicht hören. Aber die Schwingungen sind da, sie verbreiten sich in der Welt und wirken direkt auf die Herzen der Menschen. Deshalb ist es so wichtig, dass wir harmonisch zusammenarbeiten. Sogar dann, wenn wir die unmittelbaren Auswirkungen der Harmonie nicht hören, sehen oder erleben.

Die Obertöne des Schweigens

Viele Mitarbeiter und auch ihre Chefs haben die geballte Faust in der Tasche und trauen sich nicht zu explodieren. Vielleicht führt Ihre Mission Sie dazu, in der konkreten Situation auch einmal auf den Tisch zu hauen, wenn Sie es für notwendig und sinnvoll halten. Wenn die „Obertöne" Ihrer Initiative aber Harmonie verbreiten, wird es leichter. Wahrscheinlich wird dann auch das Ergebnis besser.

Befolgen Sie doch einfach das kaum bekannte elfte Gebot. Es lautet: „Du sollst nicht schweigen." Reden Sie mit anderen darüber, was Sie erkannt haben und was Sie verändern wollen. Gehen Sie direkt zu Ihrem Chef. Oder sprechen Sie zunächst mit Kollegen und bitten Sie dann um einen gemeinsamen Termin. Wenn Sie Vorgesetzter sind, haben Sie es leichter: Diskutieren Sie Ihre neuen Einsichten mit Ihren Mitarbeitern.

Von welcher Position aus Sie auch immer die Initiative ergreifen: Stellen Sie in den Gesprächen eine vertrauensvolle persönliche Beziehung her. Das gelingt nicht, wenn Sie Ihr Gegenüber angreifen oder ihm

Vorwürfe machen. Als Mitarbeiter wissen Sie es vielleicht nicht oder können es sich nicht vorstellen: Auch Vorgesetzte haben es schwer. Manchmal sogar sehr, sehr schwer. Und als Vorgesetzter ist es Ihre Aufgabe, sich auch einmal in die „Haut" Ihrer Mitarbeiter zu versetzen.

Überlegen Sie, was Sie als „Aufhänger" für das Gespräch nutzen können. Am besten einen kurzen Bericht über Dinge, die Sie beobachten. Reden Sie nicht von dem, was „man tun müsste und sollte". Sagen Sie zum Beispiel: „Ich sehe, dass ... und schlage ... vor." Stellen Sie sich dabei aber auf Ihren Gesprächspartner ein. Ihm werden einige Punkte und Argumente mehr, andere weniger liegen. Immer und in allem was Sie ansprechen, sollen Sie ein gutes Gefühl haben und authentisch sein. Sagen Sie nur das, wovon Sie auch überzeugt sind.

Für Mitarbeiter kann es sinnvoll sein, sich vorzubereiten. Basteln Sie sich mit maximal zehn Stichworten einen kurzen Gesprächsleitfaden für den Einstieg. Das gibt Sicherheit und hilft Ihnen, das Gespräch zügig zu führen. Bedenken Sie bitte: Eine unverzeihliche Sünde ist Zeitklau. Also kein Palaver. Kurz, knackig und zielgenau sprechen Sie die Punkte an, auf die es Ihnen ankommt. Für Vorgesetzte kann eine gut gestaltete Präsentation passend sein – mit sehr persönlichen Beobachtungen und Einschätzungen, ohne Powerpoint.

„Wie soll das gehen?", könnte Ihr Chef im Gespräch reagieren. Wenn Sie keinen konkreten Vorschlag präsentieren, wird er vielleicht eine Unternehmensberatung ins Spiel bringen, die das Problem lösen könnte. Mitarbeiter begegnen von außen aufgezwungenen Regelungen aber immer mit innerem Widerstand. Das nährt die Angst vor Fehlern, so dass sie dann oft auch passieren. „Was ich gefürchtet habe, ist über mich gekommen, und was mich sorgte, hat mich getroffen", sagte der Prophet Hiob dazu. So lassen sich Probleme nicht auflösen, und so gedeihen keine Innovationen.

Ehe Sie als Unternehmer Hilfe von außen holen, überlegen Sie, wie Sie sich selbst helfen können. Alles Wissen und Know-how, das für den Erfolg in Ihrem Markt gebraucht wird, ist in Ihrem Unternehmen vorhanden. Vielleicht fehlt die eine oder andere Spezialkenntnis. Wenn Sie dafür niemanden einstellen wollen, ist ein einschlägig spezialisierter Berater gut. Aber nur in diesem Fall.

Vielleicht liegt das Wissen und Know-how in Ihrem Unternehmen aber unter persönlichen Interessen und Machtkämpfen, unter unwirksamer Kommunikation und mangelnder Anerkennung begraben. Das jedenfalls ist der Normalzustand. Es würde an ein Wunder grenzen, wenn es bei Ihnen vollkommen anders wäre. Empfehlen Sie eine Wiederbelebungsprozedur für diese begrabenen Schätze.

Fast überall wo Menschen zusammen leben und zusammen arbeiten, vollzieht sich gerade ein Klimawandel. Viele möchten sich mit dem Unternehmen und seinen Zielen identifizieren. Viele möchten ihre Aufgaben mit ganzem Einsatz erfüllen. Sie wissen aber nicht, wie sie die Hindernisse überwinden können, die das blockieren. Sie wissen nicht, wie sie ihre Frustration über bestimmte Zustände in Freude an der Arbeit verwandeln können.

Es gibt viele Wege nach Rom. Es gibt auch viele verschiedene Möglichkeiten, wie Sie in Ihrem Unternehmen die Änderungen anstoßen können, die Ihnen am Herzen liegen. Ich schildere Ihnen hier einen Weg, den ich immer wieder als den wirksamsten und schnellsten erlebt habe. Sie können ihn ohne fremde Hilfe beschreiten:

Gehen Sie mit Ihren Vorgesetzten und einigen weiteren Kollegen oder Mitarbeitern „in Klausur". Klausuren waren früher abgeschlossene Teile eines Klosters, in die sich die Mönche oder Nonnen für mehrere Tage und Nächte zurückzogen, um ungestört Zwiesprache mit Gott zu halten.

Übernehmen Sie von dieser alten Kulturtradition aller Religionen den Rückzug. Übernehmen Sie die Abgeschlossenheit für mehrere Tage und Nächte – ohne Störung durch das Alltagsgeschäft, durch Telefonate oder durch E-Mails. Wenn Gott sich dabei einschalten will, wird er das tun. Vielleicht können Sie ihn ja auch vertreten.

Sie können 20 bis 25 Personen dazubitten, die mit dem Thema oder Problem zu tun haben, um das es geht. Am besten ziehen Sie sich mit dieser überschaubaren Gruppe in ein Tagungshotel in der Natur zurück. Es sollte ausreichend weit von Ihrem betrieblichen Standort entfernt sein, so dass niemand abends nach Hause fährt.

Zwei Übernachtungen im gleichen Hotel bringen den notwendigen Abstand zum Alltag. Sie brauchen zwei Übernachtungen, wenn Sie die Klausur für zweieinhalb Tage planen. Dabei gibt es keinen Feierabend. Sie arbeiten Tag und Nacht und unterbrechen die Arbeit nur für Essens- und Schlafpausen. Erst wenn Sie etwas Neues geschaffen haben, dürfen Sie das auch gemeinsam feiern.

Als Vorgesetzter müssen Sie an dieser Klausur ununterbrochen persönlich teilnehmen. Es werden Vereinbarungen getroffen und Änderungen beschlossen, die die Beteiligten als sinnvoll ansehen. Vielleicht werden Projekte aufgesetzt. Vielleicht werden Aufgaben, Ziele, Termine und Verantwortlichkeiten präzisiert. Alle stehen hinter dem Vereinbarten – auch Sie. Sie sind der wichtigste Mitarbeiter des Unternehmens oder des Unternehmensbereichs, den Sie leiten.

Wenn Ihnen solche Vereinbarungen erst nachher zur Genehmigung vorgelegt werden müssen, lassen sich neue Regelungen immer nur unter Vorbehalt entwickeln, vereinbaren und verabschieden. Das nimmt der Klausur alle Energie, Freude und Spontaneität. Ein kraftvolles und zielgerichtetes Arbeiten gelingt so nicht. Sie verursachen unnötige Kosten, verschwenden die Zeit der Teilnehmer und frustrieren Ihre Mitarbeiter, wenn Sie später nicht zustimmen.

Für Chefs gibt es weitere Regeln, ohne die eine solche Veranstaltung nicht funktioniert: In der Klausur sitzen alle in einem offenen Stuhlkreis ohne Tische. Tische können als Ablage an der Wand stehen. In dem Kreis sind alle gleichberechtigt und gleich wichtig. Die Hierarchiestufen werden hier zweieinhalb Tage lang an der Garderobe zurückgelassen.

Es ist möglich, dass Projekte für Mitwirkende oder Verantwortliche vorgeschlagen werden, die gar nicht dabei sind. Auch wenn Sie über deren Köpfe hinweg entscheiden, werden sie sich danach nur selten einem solchen „Ruf" der Kollegen und der Geschäftsleitung entziehen.

Die Teilnehmer der Klausur sollten aus vielen Hierarchiestufen und auch aus verschiedenen Berufen bzw. Fachrichtungen kommen. In jedem Fall sollen Männer und Frauen dabei sein. Mit dem Beruf, der Hierarchiestufe und dem Geschlecht sind bestimmte Denkmuster verbunden. Verschiedenartigkeit der Teilnehmer ist deshalb bei Klausuren die Gewähr dafür, dass positive Überraschungen und kreative Lösungen möglich sind. Das setzt Potenziale frei, die nicht entstehen, wenn alle gleich denken oder ticken.

In der Biologie ist Verschiedenartigkeit eine Überlebensgarantie. Monokulturen mit nur einer Baumart oder Getreidesorte werden leicht von Schädlingen befallen und vernichtet. Ein Mischwald ist am gesündesten. Vielfalt und genetische Heterogenität machen robust und sichern den Bestand.

In Blumen baden

Bevor ein Pilot ein Flugzeug startet, arbeitet er eine umfangreiche Checkliste ab. Jeder einzelne Punkt dieser Liste muss erledigt sein. Nur das gibt ihm, den Passagieren und der Crew die Gewähr, dass sie nach menschlichem Ermessen sicher ans Ziel kommen. Eine Klausur ist wie ein Flug. Hier ist die Checkliste für die Vorbereitung:

1. Einigen Sie sich mit der Geschäftsleitung auf die Teilnehmer, die sich aus verschiedenen Hierarchiestufen und Altersgruppen, Berufen und Fachrichtungen, Männern und Frauen zusammensetzen.

2. Sie müssen nicht bei dem überschaubaren Kreis von 20 bis 25 Personen bleiben. Es geht auch mit weniger Teilnehmern, und es geht auch mit tausend oder noch mehr.

3. Wählen Sie das Tagungshotel aus – schön und ruhig, ausreichend entfernt von Ihrem Standort, in der Kategorie, in der die Teilnehmer sich wohlfühlen.

4. Stellen Sie sicher, dass Moderationsmaterialien vorhanden sind (Flipcharts, Pinnwände, Beamer, Musikanlage).

5. Entscheiden Sie unter Mitwirkung der Teilnehmer, wer die Klausur moderieren soll. Wenn es jemand aus Ihrem Hause ist, sollte er von den Problemen, um die es geht, nicht unmittelbar betroffen sein.

6. Bei größeren Gruppen sind erfahrene externe Moderatoren (Trainer oder Coachs) empfehlenswert.

7. Stimmen Sie den Termin mit den Teilnehmern ab, die dabei sein sollen.

In dem Buch „Die Kraft der kollektiven Weisheit" fasst Kosha Anja Joubert das methodische Know-how für die Moderation zusammen. Sie sollten zudem Wege finden, um sicherzustellen, dass die in der Klausur vereinbarten Änderungen auch tatsächlich umgesetzt werden – dass die beschlossenen Projekte später durchgeführt werden und greifen.

Vielleicht wollen Sie die Betreuung der Projektleiter nach der Klausur einem Coach übertragen. Überragende Vorgesetzte sind oft selbst der Coach ihrer Mitarbeiter. Manche lassen sich dafür sogar – auch wenn das im Hause niemand ahnt – von einem professionellen Coach unterstützen.

Vielleicht zeigt es sich, dass Ihre „Landung" nach der Klausur eine Zwischenlandung ist. Wollen Sie weiterfliegen und eine oder mehrere weitere Klausuren planen – mit den gleichen Teilnehmern oder auch mit anderen?

Ich empfehle dem Moderator der Klausur, die Zustände im Unternehmen oder dem betreffenden Unternehmensbereich mit einer „schriftlichen Diskussion" abzufragen. Schriftlich, weil sich dann jeder traut, sich auch in Gegenwart der Vorgesetzten zu äußern. Die erste Frage kann zum Beispiel lauten: „Was ist gut in unserem Unternehmen? – Und ich bin froh, dass es so ist." Jeder gibt dazu auf Moderationskarten

Auskunft. Diese Frage löst die Spannung, die am Anfang immer in der Luft liegt.

Zu jeder guten Sache wird dann gefragt, wem das zu verdanken ist. Die Urheber bedenken Sie gemeinsam mit Applaus. Das begründet eine Anerkennungskultur. „Menschen blühen auf wie Blumen, wenn sie in einer Atmosphäre der Akzeptanz und des Wohlwollens" gebadet werden, beschreibt Kosha Anja Joubert diesen Effekt.

Diese erste Frage und das Aufblühen durch Lob lässt eine gute Stimmung für die nächste Frage entstehen: „Was sollte in unserem Unternehmen verbessert werden?" Die Hinweise dazu fassen Sie an einer Pinnwand zu ähnlichen oder sich überschneidenden Themen zusammen (Clustern).

Wenn zu viel aufgelaufen ist und das alles nicht auf einmal behandelt werden kann, fragen Sie: „Was ist jetzt die größte Schwachstelle?" Dabei können Sie ohne Diskussion ganz schnell Einigkeit erzielen: Jeder vergibt zu jedem Thema ein bis fünf Punkte. Die Gesamtpunktzahl ist begrenzt. Sie addieren die Punkte und haben die Dringlichkeitsfolge.

Dann bilden Sie Kleingruppen mit vier bis fünf Teilnehmern. Jede Kleingruppe entwickelt einen handlungsorientierten Lösungsvorschlag zu einem Thema und kommt damit zurück ins Plenum, das ihn berät. Im Hin und Her von großer Runde und Kleingruppen lösen Sie in den zweieinhalb Tagen Probleme, stimmen Vorschläge ab und beraten Projekte. Die wichtigen Fragen und Weichenstellungen nehmen Sie mit in den Schlaf. Viele wachen dann am Morgen mit einer Antwort auf, die in den Gesprächen tagsüber keinem kam.

In der Schlussrunde vervollständigt jeder die folgenden drei Sätze:

1. Das wichtigste Ergebnis dieser Klausur für mich ist ...

2. Was sich ab sofort ändert, ist ...

3. In einem Jahr wird folgendes anders sein ...
   und mein Beitrag dazu war ...

All Ihr Wissen und Können ist wie ein großer Sack voll Reis

Viele Vorgesetzte meinen, dass ihre Mitarbeiter nicht motiviert sind. Viele Mitarbeiter meinen, dass sie nur dann gute Leistungen bringen können, wenn das Unternehmen ihnen bestimmte Bedingungen schafft. In der Klausur erleben alle das Gegenteil: Die Mitarbeiter schaffen sich die Bedingungen, die sie brauchen, um das Unternehmen voranzubringen. Außergewöhnliche Leistungen entstehen nie, weil Führungskräfte die Leistungsträger motivieren. Sie entstehen immer, weil die Leistungsträger sich mit ihrer Aufgabe identifizieren.

Identifikation kommt nicht von außen, sondern von innen. Eine Klausur erschafft einen neuen Denk- und Handlungsraum, so dass sich strategische und organisatorische Änderungen vollziehen und in die Geschäftsprozesse integrieren lassen. Jeder Teilnehmer ist eingeladen, daran mitzuwirken und mitzugestalten: gewerbliche Mitarbeiter und Büroarbeiter, Außendienst und Kundendienst, Abteilungs- und Unternehmensleiter.

Unter Mitwirkung der Beteiligten werden neue Vereinbarungen und Praktiken eingeführt. Mitwirkung setzt voraus, dass niemand fürchten muss, bloßgestellt zu werden. Mitwirkung erfordert gegenseitigen Respekt und begründet eine gemeinsame Verantwortung für das Vereinbarte. Verantwortung bedeutet, diszipliniert zu handeln, um die Vereinbarungen praktisch umzusetzen.

Diese Verantwortung setzt die Freiheit voraus, alles Erforderliche zu tun, auf das sich jetzt alle geeinigt haben. Keine Planung, keine Vorgaben, keine Einschränkungen oder bürokratischen Hürden mehr. Das kann eine Kulturrevolution im Unternehmen auslösen. Wer weiß, was er tut, kann tun, was er will. Wer weiß, dass es funktioniert, kann vorschlagen, was ihm gefällt. Alle werden es ihm oder ihr danken.

Solange Sie unentschieden sind, leben und arbeiten Sie wie eine Feder, die vom Wind hin- und hergeworfen wird. Jeder, der vorbeikommt, kann ein bisschen pusten, und schon fliegt sie woandershin. Wenn Sie mit aller Klarheit wissen, was Sie erreichen wollen, haben Sie eine Kraftquelle entdeckt. Einen Wegweiser zu Zufriedenheit und Freude. Einen Wegweiser zu Arbeitsbedingungen, die der menschlichen Natur entsprechen.

Wenn Sie nach der Lektüre dieses Buches zur Tagesordnung übergehen und nichts tun, werden Sie irgendwann im Sumpf der Mittelmäßigkeit versinken, weil Resignation, Lustlosigkeit und schale Kompromisse die Existenzgrundlagen Ihres Unternehmens zersetzen.

Was Sie gemeinsam erreichen wollen, soll wie ein Magnet wirken, der alle anzieht. Wenn alle bereit sind, dafür Bedenken zu überwinden und auch Unannehmlichkeiten in Kauf zu nehmen, ist die Realisierung Ihrer Ziele unaufhaltsam. Sie können sich jetzt als Schöpfer betätigen, Begeisterung, klare Standpunkte und Zuversicht verbreiten. Das bewirkt Verbesserungen über das Vorhersehbare hinaus und jenseits des üblichen Optimierens. Es verschiebt die Grenzen Ihrer Welt.

Wo ist diese Grenze überhaupt? Was Sie jetzt über Ihr Produkt und Ihren Markt, über Technik und Forschungsergebnisse, über die Menschen und die Natur, über die Vergangenheit und die Zukunft wissen, markiert die Grenze Ihrer heutigen Welt. In der Geschichte der Menschheit ist das gegenwärtige Wissen immer irgendwann einmal überholt worden. Neue Erkenntnisse haben die Grenze verschoben. Fragen sind aufgetaucht, die bis dahin niemand hat stellen können. Die Fragen, die Sie stellen können, markieren die Grenze Ihrer Welt.

Stellen Sie sich einen großen Sack voller Reiskörner vor. Diese Reiskörner symbolisieren das gesamte Wissen der Menschheit – auf allen Gebieten. Jetzt nehmen Sie eine Tasse mit Reis heraus – gerade den kleinen Anteil Ihres eigenen Wissens am gesamten Wissen, über das die Welt in Köpfen, Computern und Bibliotheken verfügt. Natürlich ist das nicht viel. Wenn Sie aufrichtig sind, enthält die Tasse nur wenige Körner.

Betrachten Sie nun den noch immer vollen Sack, sehen Sie, was Sie alles nicht wissen – oder vielleicht noch nicht wissen. Sie können jetzt lernen oder forschen, um Ihr Wissen zu erweitern. Dann können Sie einige weitere Reiskörner aus dem Sack herausnehmen und in die Tasse tun. Sie wissen dann etwas, was Sie vorher noch nicht wussten. Aber es ist schon im Sack gewesen, nur noch nicht in Ihrer Tasse. So können Sie ein Leben lang Reiskörner umfüllen. Damit aber verschieben Sie keine Grenze.

Eine Grenze verschieben Sie erst, wenn Sie Dinge erkunden, von denen Sie bis jetzt gar nicht wussten, dass es sie gibt. Dinge, die in der Tasse Ihres Wissens und dem großen Sack Ihres Nichtwissens gar nicht drin sind. Wenn Sie Fragen stellen, die bisher noch keiner stellte, verschieben Sie die Grenzen Ihrer Welt.

Dann ernten Sie Reiskörner, für die es noch keinen Sack gibt. Kein anderer vor Ihnen konnte sich überhaupt vorstellen, dass da, wo Sie hingehen, noch mehr zu ernten ist. Solche Fragen werden meistens als „dumm" bezeichnet, weil kaum jemand über seinen Horizont hinaus denken kann. Die meisten Menschen sind sich dessen bewusst, was sie alles nicht wissen. Kaum jemand aber ist sich dessen bewusst, wovon er nicht einmal weiß, dass er es nicht weiß.

Während der Klausur eines Unternehmens stellten die Teilnehmer einmal die Frage: „Was wäre für uns einfach phantastisch und wunderbar, ist aber absolut unmöglich?" Natürlich fiel da fast jedem etwas ein. Die Gruppe sortierte diese Einfälle und strickte fünf große Projekte daraus. Zu jedem Projekt wurde gefragt, wer sich in einer Projektgruppe damit beschäftigen will. Zwei Jahre später sind vier dieser fünf Unmöglichkeiten umgesetzt. So etwas ist ein Durchbruch, der die Grenzen unserer Welt erweitert und den Horizont verschiebt: Phantastisch und wunderbar, aber absolut unmöglich erschien es für die Firma Veyhl – einem Zulieferer mächtiger Großunternehmen – die Abhängigkeit von seinen großen Kunden umzukehren. Alle in der Klausur entwickelten Projekte bezogen sich auf kleine Teilschritte zu diesem großen Ziel. Einige Jahre später war es erreicht, und Wolf

Veyhl (1943 – 2004) konnte verkünden: „Wir haben eine Alleinstellung in unserem Zuliefergeschäft. Unsere großen Kunden sind von uns abhängig."

Zwischen einem Genie und den „normalen" Menschen gibt es nur einen, wirklich nur einen einzigen Unterschied: Ein Genie tut das im Leben, was es wirklich, wirklich, wirklich will. Ein Genie arbeitet und lebt konsequent nach den eigenen Wertmaßstäben. Mit dem Weg, den ich Ihnen hier aufzeige, machen Sie aus Ihren Mitarbeitern, Kollegen und Vorgesetzten Genies. Ahnen Sie, was das für Sie und für Ihr Unternehmen bedeutet?

Wenn alle im Unternehmen sagen, was sie denken; wenn sie denken, woran sie glauben; und wenn sie an das glauben, was sie tun, dann schaffen sie Identifikation. Die Übereinstimmung von Denken, Glauben, Reden und Handeln trägt und stärkt die Mitarbeiter, törnt sie an und lässt sie strahlen. Sie werden attraktiv für Kunden und für Lieferanten. Alle wollen dazugehören. So erschaffen Sie gemeinsam eine große Zukunft. So werden Sie die Ursache für Ihr Leben, für die Zukunft Ihres Unternehmens und für die Zukunft der ganzen Welt.

„Ich glaube, dass wir einen Funken jenes ewigen Lichts in uns tragen, das im Grunde des Seins leuchten muss und das unsere schwachen Sinne nur von Ferne ahnen können", sagte Johann Wolfgang von Goethe: „Diesen Funken ins uns zur Flamme werden zu lassen, und das Göttliche in uns zu verwirklichen, ist unsere höchste Pflicht."

10.

SIE SIND DIE INITIATIVE, WENN SIE SIE ERGREIFEN

Werden Sie jetzt den Weg gehen, den ich im letzten Kapitel vor Ihnen ausgebreitet habe? Wenn ja: Dann brauchen Sie nicht weiterzulesen. Verlieren Sie keine Zeit, fangen Sie an. Oder stecken Sie noch in Schwierigkeiten? Tun Sie sich schwer? Wissen Sie noch nicht so recht, wie Sie es anfangen sollen? Den Weiterlesern unter Ihnen erzähle ich jetzt, was ich an einem Sonntag während der Arbeit an diesem Buch erlebt habe. Das Schicksal spielt uns manchmal eigenartige Streiche. Ich glaube tatsächlich, dass ich das nur erlebt habe, damit ich Ihnen jetzt davon berichte. Diese Geschichte könnte in jeder Familie passiert sein:

Meine Nachbarn haben kleine Kinder. Die vierjährige Annemarie entdeckte im Garten einen Kokon. Ihre Mutter erklärte ihr, dass sich darin eine Raupe versteckt, die sich gerade in einen Schmetterling verwandelt, und dass der Schmetterling irgendwann aus dem Kokon herausschlüpfen wird. Seitdem schaut Annemarie täglich nach dem Kokon, um zu sehen, ob der Schmetterling schon herauskommt.

An eben jenem Sonntag entdeckt sie eine winzige Öffnung im Kokon. Sie setzt sich lange und geduldig daneben und beobachtet, wie der Schmetterling mit aller Kraft versucht, seinen Körper durch den engen Spalt zu zwängen. Aber er schafft es nicht. Annemarie will dem Schmetterling helfen. Sie nimmt einen kleinen, flachen Kieselstein, führt ihn in

die Öffnung und vergrößert diese behutsam mit einer leich-
ten Drehung des Steins. Welche Freude – der Schmetterling
kriecht heraus!

Annemarie wartet geduldig, sie will seinen ersten Flug mit-
erleben. Aber der Schmetterling fliegt nicht. Mit seinem
geschwollenen Körper und seinen runzeligen Flügeln kriecht
er nur am Boden herum. Da geht Annemarie zu ihrer Mut-
ter, berichtet ihr von der „Geburtshilfe" und fragt sie, was
sie nun tun müsse, damit der Schmetterling auch fliegt.

Die Mutter betrachtet das traurige Geschöpf und erkennt
das Missgeschick: „Hast du schon einmal einen richtigen
Schmetterling gesehen?" fragt sie. „Ja", sagt Annemarie,
„aber der sieht viel schöner aus."

„Schau", erklärt ihr die Mutter, „dies hier ist gar kein richti-
ger Schmetterling. Dieses Tierchen muss für den Rest seines
Lebens auf dem Boden herumkriechen. Es wird niemals
fliegen können, weil die runzeligen Flügelchen viel zu klein
sind, um den klumpigen Körper zu tragen. Die hartnäckigen
Mühen, die der Schmetterling braucht, um durch die win-
zige Öffnung des Kokons hindurchzukommen, pumpen die
Flüssigkeit von seinem Körper in seine Flügel. Erst danach
passt er durch den schmalen Spalt und kann schließlich
fliegen."

Annemarie ist traurig. Ihre Mutter liest ihr das Gedicht über den
Schmetterling von Wilhelm Busch vor. Das tröstet sie und lässt sie
wieder lachen:

„Sie war ein Blümlein hübsch und fein,
Hell aufgeblüht im Sonnenschein.
Er war ein junger Schmetterling,
Der selig an der Blume hing.

Oft kam ein Bienlein mit Gebrumm
Und nascht und säuselt da herum.
Oft kroch ein Käfer kribbelkrab
Am hübschen Blümlein auf und ab.

Ach Gott, wie das dem Schmetterling

So schmerzlich durch die Seele ging.
Doch was am meisten ihn entsetzt,
Das Allerschlimmste kam zuletzt:
Ein alter Esel fraß die ganze
Von ihm so heiß geliebte Pflanze."

Eine Gewerkschaft für Freude an der Arbeit

Auch wir Menschen brauchen Widerstände – diesen „schmalen Spalt" –, damit wir lernen zu „fliegen". Ein Leben ohne solche Herausforderungen ließe unser Potenzial verkümmern. Wenn unsere Aufgaben uns nicht herausfordern, fördern sie unsere Entwicklung nicht und sind aus einer höheren Sicht sinnlos – ohne Sinn.

Sie können jetzt eine Gewerkschaft für Freude an der Arbeit gründen. Sie können aber auch einfach Freude an der Arbeit dort einführen, wo Sie tätig sind. Wenn Ihr Herz dafür brennt, brennen Sie nicht aus. Sie erreichen Ihr Ziel und entzünden ein Feuerwerk. Viele Beispiele, zeigen, dass es funktioniert. Ich wähle eines aus, das wissenschaftlich begleitet und detailliert dokumentiert wurde:

Die „Veden" (das Wort für „Wissen" in Sanskrit) sind die ältesten überlieferten Texte Indiens. Sie entstanden zwischen 2500 und 500 v. Chr. Der Physiker Maharishi Mahesh Yogi hat das vedische Wissen neu erschlossen und daraus eine Technik zur Integration von Geist und Körper abgeleitet. Die Nobelpreisträger Ilya Prigogine und Brian Josephson wiederum haben diese Techniken mit der modernen Naturwissenschaft verbunden. Sie gehen davon aus, dass alles aus unserem Bewusstsein entspringt. Bewusstsein hat „Feldcharakter".

Die Physik unterscheidet zwischen Teilchen und Feldern. Teilchen (etwa Elektronen oder Quarks) existieren zu einer bestimmten Zeit an einem bestimmten Ort. Felder werden zum Beispiel durch den Elektromagnetismus gebildet oder durch Kernkräfte, die den Atomkern zusammenhalten oder die Elektronen auf ihren Bahnen um den Atomkern halten. Sie existieren ohne räumliche oder zeitliche Begrenzungen und lassen sich nicht direkt beobachten, sondern nur an ihren Wirkungen.

Die Materieteilchen spielen im Universum eine untergeordnete Rolle. Entscheidend sind die Felder und ihre Schwingungsmuster. Die „Hardware" spielt auch in Ihrem Unternehmen eine untergeordnete Rolle. Entscheidend sind wiederum die Schwingungsmuster, die Sie verbreiten.

4.000 Schüler von Maharishi Mahesh Yogi verändern im Juni und Juli 1993 das Bewusstseinsfeld von Washington, D. C. 4.000 Menschen sind ein Promille der vier Millionen Einwohner der Hauptstadt der USA. Das Projekt wird von Wissenschaftlern, Universitätsinstituten und staatlichen Stellen begleitet. Die örtliche Polizei liefert die Daten zur Anzahl der Morde, Vergewaltigungen und schweren Körperverletzungen, die täglich geschehen.

Das Projekt reduziert die Rate bei sämtlichen Delikten dramatisch. Die experimentelle Friedensforschung bezeichnet diesen Effekt seitdem als „Maharishi-Effekt". Eine Meditationsgruppe verändert Quantenzustände im Gruppenbewusstsein. Diese übertragen zuvor Hass und Intoleranz auf der feinstofflichen Ebene, die schließlich an Schwachstellen, die mit Konflikten in Resonanz gehen, ausbrechen.

Vergleichbare Projekte in 22 weiteren US-Städten und in Merseyside, England, bewirken ähnliche Ergebnisse. Merseyside hat die dritthöchste Kriminalitätsrate in England. Während eines Meditationsprojekts im Jahr 1992 fällt die Stadt auf den letzten Platz. Der nationale Durchschnitt der Kriminalitätsrate stieg dagegen von 1988 bis 1992 um 45 Prozent an. Nach Berechnungen des „Home Office" (britisches Innenministerium, das u.a. für Statistik zuständig ist) werden durch die Veränderung des Bewusstseinsfeldes Kosten in Höhe von 1,25 Milliarden britischen Pfund eingespart.

Erschrecken Sie bitte nicht: Sie brauchen mit Ihren Kollegen nicht zu meditieren. Meditationstechniken wirken und sind effizient. Mit nur einem Promille der beteiligten Menschen bewirken sie Wunder. Wenn Ihr Unternehmen tausend Mitarbeiter hat, wäre ein Promille nur ein einziger – Sie. Wenn Sie meditieren, schaffen Sie es allein.

Aber das brauchen Sie nicht. Werden Sie einfach ein Bakterium. Bakterien wirken nicht, indem sie kämpfen, sondern indem sie sich vermehren. Drei bis sieben Prozent engagierte Menschen stellen die Welt auch ohne Meditation auf den Kopf – wenn sie mit dem Herzen dabei sind, wenn sie es wollen und sich in Gesprächen miteinander abstimmen. Bei einer tausendköpfigen Belegschaft sind das 30 bis 70 Personen. Die können Sie um sich sammeln, „anstecken" und dadurch ihre Genialität entfachen.

Ein solcher Prozentsatz der Franzosen reichte aus, um 1789 die Monarchie zu stürzen. Ein solcher Prozentsatz der Nordamerikaner reichte aus, um 1865 die Sklaverei abzuschaffen. Ein solcher Prozentsatz der Ostdeutschen reichte aus, um 1989 die innerstädtische Mauer in Berlin zu durchbrechen. Und ein solcher Prozentsatz reicht in Ihrem Unternehmen aus, um eine für Menschen artgerechte Unternehmenskultur zu verankern – und um **Freude, Farbe und Fülle** in Ihre Arbeitswelt zu tragen.

Der Urknall artgerechter Menschenhaltung in Ihrem Unternehmen

Hinter dem Geschehen in unserer sichtbaren Welt läuft – mit Überlichtgeschwindigkeit – ein ununterbrochener Energiefluss in einer für uns nicht zugänglichen und nicht messbaren Welt. In dem Monumentalwerk „Feinstoffliche Erweiterung der Naturwissenschaften" weist der Quantenchemiker Klaus Volkamer die Existenz dieser erst wenig bekannten Materie- und Energieform theoretisch und experimentell nach. Sie ist feldförmig, allgegenwärtig und durchdringt alles.

Volkamers Entdeckungen erklären auch ein Phänomen der Mechanik, das den Physiker Christian Huygens im Jahre 1665 staunen ließ: Huygens hat eine Leidenschaft für Pendeluhren. Er sammelt sie. Der Raum, in dem er sie aufhängt, ist sein privates Museum. Natürlich hat jede Uhr ihren eigenen Rhythmus. Nach einigen Tagen betritt er den Raum wieder und erschrickt: Alle Uhren pendeln und schlagen im gleichen Takt. Er kann sich nicht erklären, was da geschehen ist.

Die Uhren haben ein Schwingungsfeld gebildet. Keine Uhr kann sich diesem Feld entziehen. Was in der Mechanik funktioniert, beobachten wir auch bei Lebewesen: William McDougall trainiert in Cambridge, Massachusetts/USA, Ratten. Sie sollen durch ein Wasserlabyrinth zum Ausgang finden. Nach mehreren Rattengenerationen lernen die Tiere, diese Aufgabe zehnmal schneller zu lösen als die erste Generation. Offenbar können die Ratten das Gelernte vererben.

Ein Assistent McDougalls geht dann nach Australien, baut dort ein ähnliches Wasserlabyrinth für Ratten und wiederholt das Experiment. Das Ergebnis verschlägt ihm die Sprache: Die erste Generation australischer Labyrinthratten erreicht auf Anhieb die Zeit der letzten amerikanischen Generation. Daraus können wir folgern: Entweder macht Australien intelligenter, oder Verhalten wird durch einen Mechanismus übertragen, der mit Vererbungsketten, Trainingsprogrammen und dem unmittelbaren Vorbild nichts zu tun hat.

Die Ratten dieser Erde werden von einem neuronalen Feld getragen, das die Entwicklung und das Verhalten einzelner Rattenpopulationen steuert. Wenn ein solches Feld das Verhalten von mechanischen Geräten und Ratten steuert, wird es auch das Verhalten von Menschen steuern – und das Verhalten der Belegschaft in Ihrem Unternehmen.

Ja, ich weiß, die gängige Lehre der Naturwissenschaften geht noch immer davon aus, dass die Welt sich im Laufe der Evolution zufällig so entwickelt hat, wie sie heute ist. Bitte schauen Sie sich die Ausgangsbedingungen dieser „zufälligen" Entwicklung an:

- Wäre die starke Kernkraft nur um wenige Prozentpunkte geringer, könnte sie die Atome im Atomkern nicht zusammenhalten – es gäbe keine Atome.

- Wäre die Masse der Elektronen größer, könnte der Atomkern sie nicht in ihrer Umlaufbahn halten – es gäbe keine Atome, keine Moleküle, keine Materie.

- Die Gravitation ist 1.039 Mal schwächer als die starke Kernkraft. Wäre sie nur 1.038 Mal schwächer, würden Sterne so schnell verglühen, dass sich auf ihren Planeten kein Leben bilden könnte.

- Betrüge der Salzgehalt der irdischen Meere nicht genau 3½ Prozent und der Sauerstoffgehalt der Atmosphäre nicht genau 21 Prozent, hätte Leben auf der Erde nicht entstehen können.

- Wäre der Atmosphäre nicht eine kleine Dosis von Ammoniak beigemischt, könnte sie die Tonnen von Salpetersäure, die bei einem Gewitter entstehen, nicht neutralisieren. Der Säuregehalt des Regens wäre lebensfeindlich.

- Hätte die Ozonschicht nicht genau die vorgegebene Konzentration, würde die kosmische Ultraviolettstrahlung alles irdische Leben vernichten.

- Wäre unsere Körpertemperatur nicht auf die konstante Betriebstemperatur von 36,8 Grad Celsius eingestellt, hätte sich unser Gehirn nicht bilden können. (Bei 36,8 Grad Celsius ist die molekulare Struktur des Wassers in der höchsten Labilität. Der Informationsträger Wasser kodiert unsere Gene. 70 Prozent der physischen Substanz unseres Körpers besteht aus Wasser und 70 Prozent unseres Planeten besteht aus Wasser.)

Die physikalischen Gesetze in dieser Welt sind so präzise abgestimmt, dass es dieses Universum bei einer Abweichung im Millionstelbereich nicht gäbe. Die Wahrscheinlichkeit, dass bei dem vermuteten Urknall gerade diese Kombination von kosmischen Konstanten herauskommt, beträgt $\frac{1}{10^{123}}$. Diese Zahl mit 123 Nullen unter dem Bruchstrich drückt eine praktische Unmöglichkeit aus.

Das klingt abstrakt. Aber rechnen Sie mal die Wahrscheinlichkeit aus, dass sich die Blüten einer Pflanze und der Superorganismus eines Bienenvolks aufeinander abgestimmt entwickeln, dass die Zellen des Bienenvolks sich unabhängig voneinander bewegen, dass die Bienenkönigin täglich 1.500 Eier legt – mehr als ihr eigenes Körpergewicht. Sie werden feststellen, dass das eigentlich gar nicht möglich ist.

Rechnen Sie mal die Wahrscheinlichkeit aus, dass eine Hornisse Streifen am Hinterleib entwickelt, die wie eine Solarzelle funktionieren, dass sie diese Energie in einem photo-biochemischen Prozess umwandeln und speichern kann. Sie werden feststellen, dass das eigentlich unmöglich ist. Wir können die Liste der Wunder, die sich mit einer vom Zufall gesteuerten Evolution nicht erklären lassen, endlos fortsetzen – bis zu Pendeluhren, Ratten und Menschen.

Die „duale Zwitternatur" aller Elementarteilchen macht deren Existenz direkt von der Einwirkung aus höheren Dimensionen der Schöpfung abhängig, ohne die es sie nicht gäbe. Wir können die materielle Welt als eine Täuschung unserer Wahrnehmung ansehen, ganz so wie hinter dem Spiegel kein wirklicher Mensch steht.

Der antike Philosoph Platon erklärt diesen Zusammenhang mit seinem Höhlengleichnis, und alle Religionsgründer sprechen davon, dass „diese" Welt nicht die Realität ist. Der Held in Hermann Hesses Roman „Steppenwolf" lacht am Ende seiner Odyssee durch das magische Theater, als er einsieht, dass die Wirklichkeit nur in der Wahl einer offenen Tür besteht – einer Tür unter den vielen, die offen stehen.

Wenn Sie entschlossen sind, in Ihrem Unternehmen einen Wandel auszulösen, dann handeln Sie jetzt. Resonanz funktioniert bei allen Menschen. Auch bei denen, die in Ihrem Unternehmen arbeiten. Sobald Sie sich entschieden haben und sich konsequent an die Umsetzung machen, kommen plötzlich Dinge auf Sie zu, von denen Sie bis dahin nichts geahnt haben. Entschlossenheit bewirkt Umstände, Begegnungen und das, was wir gemeinhin noch als Zufall bezeichnen.

Entschlossenheit kehrt sogar die Kausalität um. Nicht Ursachen produzieren Wirkungen. Es funktioniert umgekehrt: Die von Ihnen gewollten Wirkungen ziehen Ursachen an, und diese Ursachen produzieren die Wirkungen, die Ihr Leben verändern. Früher bezeichneten wir das als Wunder. Heute wissen wir: Es ist Resonanz, und Sie können sie nutzen.

Fazit:
Das Wunder im Himalaja

Unsere äußere Schönheit ist ein zerbrechliches Konzept, das im Kopf des Betrachters entsteht und vergänglich ist. Die innere Schönheit – die Schönheit der Seele – ist ein Teil des Himmels, der unseren Blicken verborgen bleibt, den wir aber mit dem Herzen sehen. Haben Sie die innere Schönheit Ihrer Kollegen, Mitarbeiter oder Vorgesetzten überhaupt schon einmal gesehen?

Unsere Augen sind blind für diese Schönheit. Deshalb geben wir uns der Illusion hin, voneinander getrennte Individuen zu sein. Die Schönheit der Seele in ihrer reinsten Form bleibt im Leben nicht lange bestehen. Aber jeder hat einen speziellen Strahl himmlischen Lichts mitgebracht. Dieses Licht beschert vielen Menschen mehr Schwierigkeiten als Freuden. Die meisten verstecken deshalb ihre innere Schönheit. Nur wenige haben gelernt, sie zu sehen und zu nutzen. Viele entdecken ihre inneren Narben, wenn sie ihre eigene Schönheit betrachten. Diese Narben liegen tief in unserem Inneren verborgen.

Wenn wir aber erkennen, wofür unser Innerstes leidenschaftlich brennt, erleuchtet die Freude der Seele unser Gesicht. Dieser Strahl himmlischen Lichts, diese Leidenschaft wird von uns allen benötigt, damit wir den Himmel auf die Erde holen. Jetzt ist die Zeit, um dieses Licht in uns jeden Tag nach außen leuchten zu lassen.

Die Schönheit der Seele drückt sich im irdischen Leben auf vielfältige Weise aus. Äußere Schönheit muss damit nicht verbunden sein, sie ergibt sich aber oft, wenn wir unsere innere Schönheit zeigen. Friede und Freude erfassen uns, wenn wir mit jedem unserer Schritte unsere

Umwelt mit unserer Schönheit erleuchten. In dem Leuchten der Menschen um uns herum spiegelt sich dann die Schönheit unserer Seele.

In den Bergen des Himalajagebirges steht ein Kloster, das in der ganzen Welt bekannt ist. Die Mönche dort sind fromm und die Schüler begeistert. Die Gesänge aus dem Kloster berühren die Herzen der Menschen tief, die dorthin zum Beten kommen. Sie lassen die innere Schönheit der Mönche erstrahlen. Aber irgendetwas ist anders geworden. Immer weniger Novizen kommen zum Studium, immer weniger Menschen suchen ihre geistige Nahrung in diesem Kloster. Die innere Schönheit strahlt nicht mehr. Die verbliebenen Mönche werden traurig und deprimiert.

In großer Sorge macht sich der Vorsteher des Klosters auf, um eine Lösung des Problems zu suchen. Warum ist sein Kloster in so schwere Zeiten geraten? Der Mönch kommt zu einem Guru und fragt ihn: „Ist es vielleicht irgendeine Sünde, die unser Kloster seines Lebensnervs beraubt?"

„Ja", antwortet der Guru, „es ist die Sünde der Unwissenheit."

„Die Sünde der Unwissenheit?", fragt der Klostervorsteher schockiert. „Welches Wissen fehlt uns?"

Der Guru schaut den Mönch lange an und sagt schließlich: „Einer von euch ist der Messias, aber niemand bemerkt es." Dann schließt der Guru seine Augen und schweigt.

„Der Messias?", überlegt der Klostervorsteher. „Der Messias – einer von uns? Wer könnte das sein? Dieser Bruder? Jener Bruder? Oder noch ein anderer? Wer ist es bloß? Jeder von uns hat Fehler und menschliche Unzulänglichkeiten. Muss der Messias perfekt sein? Aber vielleicht sind diese Fehler ein Teil seiner Verkleidung? Wer ist es nur?"

Als der Abt in das Kloster zurückgekehrt, versammelt er alle anderen Mönche und erzählt ihnen, was der Guru gesagt hat. „Einer von uns der Messias? Unmöglich!" Aber er hat gesprochen, und er irrt sich nie. Wer immer von den Mönchen der Messias ist, er trägt eine gute Verkleidung.

Da die Mönche nicht wissen, wer es ist, begegnen sie sich gegenseitig mit großem Respekt. „Man kann nie wissen", sagen sie sich sie, „dieser mag es sein, deshalb erweise ich ihm lieber Zuneigung."

Es dauert nicht lange und das Kloster erblüht wieder vor Freude. Bald treten neue Novizen ein. Die Menschen kommen von nah und fern, um sich von den Gesängen der Mönche inspirieren zu lassen und in den Strahlen ihrer inneren Schönheit zu baden. Das Kloster ist wieder vom Geist der Liebe erfüllt.

Ich habe diese Geschichte nicht ganz richtig erzählt: Das Kloster ist gar kein Kloster, sondern Ihr Unternehmen. Die Mönche sind gar keine Mönche, sondern Ihre Mitarbeiter, Kollegen und Vorgesetzten. Und der Guru ist gar kein Guru: Ich bin es – ☺ Hallo! Nur der Messias ist der Messias, und niemand, wirklich niemand weiß, wer es ist: Er oder sie ist einer von Ihnen.

DANKE

Das Buch greift auf vieles zurück, was andere erarbeitet und entwickelt haben. Der Hintergrund des Wissens und der Weisheit, die ich daraus ableite, entspringt meinen Irrungen, Wirrungen und Erfahrungen von vielen Jahrzehnten in Asien und Afrika, in Nord- und Südamerika und in meiner Heimat Europa.

Ich danke meinen Freunden Dietrich Boege und Thomas Hartmann. In den Stürmen des Lebens haben sie mich als Schiffbrüchigen gerettet und meine Füße auf festen Boden gesetzt. Darauf konnte ich weiterlaufen.

Auch die wertvollen Menschen, mit denen ich jetzt zusammenarbeite, haben großen Anteil an dem, der ich geworden bin. 1997 habe ich das BUSINESS REFRAMING Institut gemeinsam mit Ursula Gérard in den USA gegründet. 2013 habe ich BUSINESS REFRAMING gemeinsam mit Dietmar Schrey ganz neu erfunden.

Menschen können ihre Potenziale in unseren Unternehmen nur entfalten, wenn sie dazu die Möglichkeit erhalten. Unternehmen können sich in der Welt nur entwickeln, wenn die Rahmenbedingungen es zulassen. Unsere Geld- und Finanzordnung ist ein solcher Rahmen für die Realwirtschaft. Hieran arbeite ich gemeinsam mit anderen: Mit Andreas Bangemann, Helmut Ell, Johannes Gottlieb, Steffen Henke, Andreas Popp und Alexander Wassilew.

Dieses Buch will Freude, Farbe und Fülle in die Arbeitswelt tragen und unseren Kindern eine bessere Welt hinterlassen. Ergreifen Sie die Chance, dabei zu sein. Wenn Sie die Initiative ergreifen, um Ihr Umfeld auf diesen Weg zu führen, tauchen Sie in das Resonanzfeld dieses Buches ein. Sie halten hier eine Anleitung in der Hand, mit der Sie zum Mitschöpfer einer Zukunft werden können, die den arbeitenden Menschen das bietet, was wir alle schon lange erwarten: Das gute Leben.

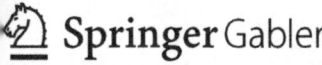

Diamond Approach
Lebendige Beziehung Glücksprinzip
Spirituelle Romane Stille und Meditation Zen
Persönlichkeitsentwicklung inspire!
Integral   Alter & Übergang
Kommunikation **jkamphausen** Einheitserfahrung
Naikan   Psychologie
TM Advaita **neues Denken & Handeln**
Transzendenz & Bewusstsein

Mit Liebe fürs Detail und für die Umwelt

Bei der Auswahl der Inhalte, die wir präsentieren, achten
wir auf Originalität, Kompetenz, Praxisrelevanz und Qualität.
So können wir mit Herz und Seele hinter unseren Büchern,
Hörbüchern, Filmen und den anderen Produkten stehen,
die wir mit viel Liebe und Aufmerksamkeit bis ins letzte
Detail fertigen.

Wir leisten einen aktiven Beitrag zum Umweltschutz
und verbrauchen nur wirklich notwendige Ressourcen —
so sparsam wie möglich. Wir drucken überwiegend auf 100%
Recyclingpapier oder produzieren unsere Titel klimaneutral.
99% unserer Fertigung findet in Deutschland statt, so haben
wir kurze Transportwege und unterstützen die lokale
Wirtschaft.

Inspirationen, interessante und wertvolle Neuigkeiten,
Wahres, Schönes & Gutes sowie wichtige Termine
können Sie regelmäßig in unserem Newsletter erfahren
oder hier: **www.facebook.com/weltinnenraum**

weltinnenraum.de
J.Kamphausen | Mediengruppe